得到

凡 墙 皆 是 门

办公室
解压指南

[美]布莱恩·E. 罗宾森（Bryan E. Robinson）著

于巧丽 贾广民 译

NEWSTAR PRESS
| 新 \ 星 \ 出 \ 版 \ 社 |

#CHILL: Turn Off Your Job and Turn on Your Life, Copyright © 2019 by Bryan E. Robinson, Ph.D.
Published by arrangement with William Morrow, an imprint of HarperCollins Publishers.

图书在版编目（CIP）数据

办公室解压指南 /（美）布莱恩·E. 罗宾森著；于巧丽，贾广民译. -- 北京：新星出版社，2025.7.
ISBN 978-7-5133-6117-0

Ⅰ. B842.6-49

中国国家版本馆 CIP 数据核字第 2025WZ7027 号

办公室解压指南

[美] 布莱恩·E. 罗宾森　著　于巧丽　贾广民　译

策划出品	得到图书	**封面设计**	周　跃
出品人	白丽丽	**版式设计**	末末美书　书情文化
策划编辑	张雪子　张慧哲	**责任印制**	李珊珊
责任编辑	汪　欣		
营销编辑	吴　思　王　瑶　郭文博		

出 版 人	马汝军
出版发行	新星出版社
	（北京市西城区车公庄大街丙 3 号楼 8001　100044）
网　　址	www.newstarpress.com
法律顾问	北京市岳成律师事务所
印　　刷	北京盛通印刷股份有限公司
开　　本	787mm×1092mm　1/32
印　　张	10.75
字　　数	100 千字
版　　次	2025 年 7 月第 1 版　2025 年 7 月第 1 次印刷
书　　号	ISBN 978-7-5133-6117-0
定　　价	69.00 元

版权专有，侵权必究；如有质量问题，请与发行公司联系。
发行公司：400-0526000　总机：010-88310888　传真：010-65270449

目录

引言
/ 001

第一个月
全新起点：如何摆脱职场高压
/ 006

第二个月
倾诉与同理心：如何构建和谐的人际关系
/ 038

第三个月
放下与释怀：如何轻装前行
/ 068

第四个月
开放与觉知：如何突破自我
/ 096

第五个月
正视失误：如何在反思中成长
/ 128

第六个月
重构认知：如何打破忙碌的循环
/ 154

第七个月
谦卑与赋能：如何平息冲动
/ 180

第八个月
疗愈与修复：如何重建关系
/ 206

第九个月
宽恕与实践：如何与自我和解
/ 236

第十个月
坚守与改变：如何持续滋养自己
/ 264

第十一个月
灵性觉醒：如何连接自我的力量
/ 282

第十二个月
价值重构：如何让平凡工作变得伟大
/ 306

告别心语
/ 330

致谢
/ 332

赞誉
/ 336

献给我的伴侣、我的琴瑟和鸣与灵魂药石

——杰米·麦卡勒斯(Jamey McCullers)

引言

上小学时，最让我深恶痛绝的就是课间休息。每当有老师忘了布置圣诞假期作业，我都会举手提醒。到了高中，我曾身兼数职，担纲编剧、导演、制片、舞台设计、布景搭建，创作出一部圣诞教会剧，在剧中我还饰演男主角约瑟。这种一手包揽、亲力亲为的体验让我有了一种久违的掌控感——毕竟我的父母总是争吵不断，摔东西、砸家具，无一日安生。

成年后，我变成不折不扣的"卷王"。我对工作的上头程度，不逊于我爸嗜酒的执念，甚至还得偷偷"装模作样"来掩饰我的狂热。小时候，我干过偷换我爸酒瓶里的酒、把醋灌进去的蠢事，以为这样他就不再酗酒了；长大后，那些深爱我的人，绞尽脑汁甚至苦苦哀求，劝我停止疯狂的工作节奏，可我依然深陷泥潭，却又乐此不疲。

每年夏天，我和杰米都会去南卡罗来纳州度假。在动身之前，杰米总会仔细翻查我的行囊，一旦发现我企图夹带工作用品到租住的海滨别墅，便会将其悉数没收。然而，不管杰米再怎么搜，终究有漏网之鱼——那些叠得严严实实、密密麻麻的工作笔记，早就被我塞进了牛仔裤口袋。

当杰米和好友们邀我一起去海滩上漫步时，我总会借口说自己很累，想打个盹儿。然后，趁他们在海浪中嬉闹的空当，悄悄待在房间里，把一块木板架在膝盖上当作临时小桌，偷尝处理工作的甜头。只要一听见有脚步声，我就马上打扫"战场"：笔记掖回口袋，桌板藏起来，然后飞弹到床上，假装处于"深睡眠"模式。

后来，我回过头看，才发现自己原来竟是个彻头彻尾的"卷王"。工作，像是我的避风港——它既能让我保持情绪稳定，又能让我实现自我价值，还能消解我内心凝重又恐惧的未知感。表面上，我是职场上的"拼命三郎"，可事实上，我只是以工作为鸡血，来麻醉那些不愿直视的情绪——缓解焦虑、驱散悲伤、掩饰沮丧。杰米经常埋怨我忙得不着家，即便在家，我也是"身在曹营心在汉"，不用心听他说话；而我的大学同事却总是称赞我尽职尽责、兢兢业业。我记得，在我父亲葬礼那天，我竟然在二十五英里外的学院办公室加班到浑然忘我，忙着一个如今已毫无印象的小项目，只让妈妈和姐妹招待前来吊唁的街坊四邻。杰米吐槽我"太卷"，活得"毫无松弛感"，不懂得享受当下；而我却用升职、荣誉和加薪作为挡箭牌，否定杰米的嗔怪，甚至反过来将矛头指向杰米："为什么你不能帮我分忧？为什么你不能成为我坚强的后盾？为什么你总是拿鸡毛蒜皮的小事拖累我的宏图大业？"

我的生活曾一度濒临崩溃，而我却无能为力，或者说，是自认为无能为力。我郁郁寡欢、食不下咽，甚至连生死都漠然处之。即使我的第一本书顺利出版，手头还有几个大项目在推进，我却依然沉迷于以烟草和咖啡组成的工作续命"套餐"中难以自拔。彼时，这种自我怀疑感如同阴影般笼罩在我的头顶，而可以倾诉的朋友却寥寥无几。我还丢三落四、记性一天不如一天，以至于家人怀疑我患上了早发性阿尔茨海默病。与此同时，我还与同事们争吵不断。但即便如此，我依旧沉迷工作，无法自拔。

后来，为了"帮助杰米摆脱困境"，我走进了心理咨询室，被治疗师一语道破天机：真正的问题是我"内卷"，并且工作与生活严重失衡。所以，我加入了"卷王匿名互助会"[1]，开始接受心理治疗，还在机缘巧合之下接触了瑜伽与冥想。然而，真正让我重获新生的，是正念冥想——它让我学会专注于当下的感受，给自己的内心充电口接通温柔的电流。就这样，我慢慢绕出了工作的迷宫，踏上全新的生活旅途。我和杰米也逐步重修于好。

于是，一幅冒着热气儿的生活画卷重新铺陈在我的眼前。看着杰米侍弄兰花，我才如梦初醒，原来在庭院里摆弄花草也能让人悟出"快乐哲学"。令我倍感惊喜的是，当我开始放松下来，我竟无比陶醉于修剪后的清新草香，痴迷于蜂鸟授粉时的美妙画面，沉醉于指间温热的泥土触感，同时十分享受邻里之间的闲聊时光。

如今，我的周六不再消耗在地下室里的办公室，而是会和杰米一起搞搞卫生、逛逛跳蚤市场，或者谈论一场午后的电影。当我们外出度假时，我也不再躲在房间装睡，而是去钓鱼享受乐趣，在原野上悠闲漫步，感受大地风光，甚至在雪地中玩耍，在海浪里踏浪嬉戏。现

---

[1] 卷王匿名互助会（Workaholics Anonymous），旨在帮助成员停止强迫性工作，活动包括经常聚会，规划娱乐与放松时间，以及设法让成员试着一次只做一件事。——译者注

在，我像过去对待工作那样投入地享受生活中的每一份美好、每一刻精彩和每一丝感动，因为我彻底领悟到：要活在当下，尽情享受每一刻的欢愉。

第一个月

全新起点：如何摆脱职场高压

我无须"打鸡血",

因为我的血液自带"内卷"功能。

——"卷王匿名互助会"成员

切换新的视角

做个有松弛感的人,好处可太多了。每个人的起点,都注定迥然不同。于是,问题便随之而来:你能否安于自己所处的环境,而不是贪得无厌、这山望着那山高?你是否经常拿自己跟别人"卷",内心独白却是:我是否应该略微"躺平"一些?所以,对你而言,最关键的便是清理掉生活里那些不必要的东西,轻装上阵,拥抱新的生活。马不停蹄的工作,让你深陷焦虑、重压与过高期望交织的泥沼,既看不清未来的方向,又把握不好当下。扪心自问,你是否将生活过成了一地鸡毛?是否"工作群聊"刷屏、难以招架?你是否准备好就此启程,开启探索之旅,让生活更加平衡,让状态更加松弛?你是否愿意义无反顾地抛弃那些陈旧的观念、不切实际的幻想和先入为主的固执,以全新的视角拥抱新生活?

佛教中有一种修行方法,叫作正念,它指引人们从机械重复的日常生活中觉醒,全神贯注地感受当下的每一刻。而要踏上正念这条路,就得保持初心,也就是用一种抛开世俗烦恼、内心自在豁达的处世态度,去迎接生命中每一个充满希望与活力的时刻。

本章会带你回顾过往，直面因过度工作而失去控制的生活，同时展望未来，深入思考重启人生的办法，抓住关键问题，稳稳走好每一步，开启全新的生活方式。其间，你会慢慢意识到过去被你忽视的种种，以及在新的生活里，为了使生活更加平衡而需要格外关注的种种：可能是一段鸡肋的关系，一种更健康的生活方式，不卷的工作状态，更舒缓的生活节奏，或者更加阳光的心态。

搭建你的脚手架

你是不是职场中的"拼命三郎"或"拼命三娘"？如果是，那么你该为自己重新"施工"了。就像一栋老房子，唯有时常翻新，方能抵挡日后的狂风骤雨，职场也不例外。翻新时，一定要有一个临时的脚手架——木板提供支撑，金属支架提供倚靠——直至你把地基筑牢为止。

首先，你需要找个安静的地方，然后静坐五分钟。在此过程中，请闭上双眼，静静思考：我是否已经具备足够能力去创造新开始？比如，重新开始自我关爱计划，加入"卷王匿名互助会"，找心理咨询师聊聊，练习每日冥想。

如果你还没考虑过搭建新的脚手架，不妨仔细想想什么样的能力可以让你在新的生活里变得更稳。就像建筑工地在竣工后要逐步拆除脚手架一样，当你逐渐培养出足够的心理韧性，能够独立保持工作与生活的平衡时，最初的辅助就可以慢慢撤掉了。

换个思路

假如有人要你把自己的性格缺陷列出来,这清单恐怕长得能铺到家门口。是啊,我们总是盯着自己的不足,却忽略了自身的长处。然而,一旦你习惯了关注微小的瑕疵,而忽略了整体的璀璨,那么,任何成功在你眼中、在你心里,都是一种"失败"。

真正的美,从来都是瑕不掩瑜。生而为人,皆有缺憾。即便竭尽所能,你也无法做到尽善尽美——但要体会到这一点,你就得换个思路。

问问自己:我要怎么做,才能接纳自己的不足、肯定自己的成绩呢?接着,想象自己张开双臂,拥抱你的那些缺点,接受那些无法改变的事,改变那些力所能及的事。毕竟,生命必须有裂缝,阳光才照得进来!

走出"拉磨"的圈儿

或许你已经习惯了在宛如自动驾驶般的固定程序中生活，而非根据周围环境或自我需要进行调整。或许你每天一睁眼就开始了"牛马"的枯燥生活，然后抱怨一天二十四个小时仍不够用，诸如此类。

当你疯狂追赶项目进度时，你会不会一边担心老板对成果不满，一边又在憧憬着周末的休闲时光？殊不知，你已然陷入思想混沌、缺乏专注的潜念状态。然而，修行正念——平静地观察自己所做的一切，就能将你从这种迷失中唤醒。如此一来，你便能以一种平和、慈悲的心态，去看待周围的一切，并专注当下。无论是侍弄花草，还是准备晚餐，在这种日常生活中，你都可以培养正念意识。当你不再执着于完成任务时，人生便不再是轨道，而是旷野。

别让工作"嗨过头"

"内卷"被称为二十一世纪的兴奋剂。在某些金牌律所和互联网大厂里,一周工作六十、八十,甚至一百个小时都是很正常的事情。由于经常要承担超出能力范围的工作任务,"卷王"们不分昼夜地在多个任务之间充当"时间管理大师",只为能赶在截止期限之前交付任务。有些人甚至通宵达旦,工牌也不摘,在工位上倒头就睡。

一个不争的事实是,工作产生的快感,能刺激肾上腺素疯狂分泌,让人们感觉精力充沛、神采奕奕,继而就开启了"卷王"模式。有人甚至放言,这种肾上腺素飙升的快感,就像是打了鸡血。但事实上,如果你是一个这样的"卷王",那么长此以往,你只有加大剂量,才能维系最初虚假的快感。你和你身边的人,都将逐渐被这种可怕的快感所支配。短期来看,慢下来的节奏可能会让人觉得扫兴,不过它能带来一种更令人满足的兴奋体验,那就是所谓的"松弛感"。

一旦发觉自己的生活难以驾驭,你必须诚实面对,治好自己的"内卷",审视工作与生活失衡的状况。从现在开始,问问自己:我能做出哪些积极的改变,还生活本来的样貌?

专注当下

无论你的工作负荷有多重,你总能在"不积跬步,无以至千里"这句话中找到心灵慰藉。当你被生活压得喘不过气,当你犹豫不定,当你面临各种难题、忙得不可开交时,这句箴言可以引导你平衡好工作与生活的海量需求,减轻自我施加的压力,让你控制好起伏不定的情绪。

拉丁文中的 *festina lente* 同样引人深思。这句话的意思是"欲速则不达",不管是工作、情感还是娱乐,都要谨慎行事,一步一个脚印。绝大多数的问题,或源于昨日,或留待明日。但是,昨日已逝,明日未知,当下才是关键。既然你拥有的只是现在,那么你要做的就是专注于当下,至于明天的事情,就让它等到明天吧。

练习深度聆听

或许有时候，你会感觉自己像"灵魂出窍"了一样，心不在焉，对别人说的话也是充耳不闻，因为你的思绪早已飘向远方。你是否想尽量避免深入自己的内心？你是否常常急着替别人把话说完，以求赶快结束对话？你是否太急于发表自己的观点，以至于不听别人的观点？还是说，人在这儿，思绪却早已飘到了工位上，一心只想着把桌上的那份报告写完？

只有当对话双方都愿意敞开心扉，把问题及各自关切的事坦诚说出来，深度聆听才会发生。在交流过程中，双方都努力秉持同理心，相互尊重，致力于营造一种充满爱与关怀、没有批评指责的和谐沟通氛围。

那么，怎样才能做到深度聆听呢？有没有什么特殊的方法，能帮助你提高在职场、家庭及休闲生活中的倾听能力？比如，与其思考接下来要说什么，或是如何把话题硬拉到你感兴趣的那一点上，不如用心聆听他人的观点，了解对方的感受。在聆听时，要有眼神交流；除非对方主动询问，否则不要贸然给出建议；设身处地地把你对对方的感受反馈出来。当然，你还要让身心都专注于当下，而不是让思绪再次飘回你的工位上，这点至关重要。

小心"假威胁"

人类天生就对威胁格外敏感，这是因为要想办法活下来。而倘若你是个"卷王"，这种本能还会被无限放大，让你时常陷入"战斗或逃跑"的模式中。受此影响，你很可能会莫名地杞人忧天，并对那些可以让你心安的积极因素视而不见。换句话说，就是**你把好好的人生强行"脑补"成了危机四伏的险境。**

这种被称作"主观臆测"的思维方式，实质上是一种思维的扭曲，根本经不起推敲。想要减轻这种负担，你就得学会掌握思维的方向盘，而不是任其摆布。

下次，察觉自己陷入负面揣测状态时，你不妨停下来问问自己："这些想法有事实依据吗？"这种方式不仅能帮你减少无谓的自责和内耗，还能节省大量时间。长期坚持，你定将更加积极乐观，生活春暖花开。

给自己赋能

是谁掌控了你的工作节奏？又是谁在给你打分、排名？一旦你对自己说"时间不够""我应该""我必须""我不能"时，其实你已经悄然沦为了职场"牛马"。

但这并不是你唯一的选择，这完全是你的思维在给你制造枷锁。而想要打破枷锁，关键是找到内心的安定，让那种紧张忙碌、肾上腺素飙升、精疲力竭的状态不再成为"常态"。无论工作压力多大、多让人应接不暇，面对困境时，你始终有选择应对方式的自由。工作任务无法剥夺这种自由，除非你自己拱手相让。

以下三条日常赋能建议可以助你一臂之力：

- **收到棘手但非紧急的邮件时，先别急着回复。试着深吸一口气，暂时离开工位，走动片刻，或者点一杯你最爱喝的饮品。**

- **遇到坏消息时，尽量往好处想。例如，"我得缴很多税"可以看作"我今年的收入再创新高"。**

- **当压力来袭时，回想一次你曾迎难而上的成功经历。细细回忆，重温那时的自信与坚韧吧！接着，你就会发现，身心逐渐回归平静，呼吸也更加顺畅。**

发现转机

压力当前,人们往往只关注危机,却忽略了其背后蕴藏的转机。如果你正在为化解危机而感到焦头烂额,负面情绪会让你一味纠结于问题本身。不知不觉间,你就错失了良机。

不过,要是你能换个思路,保持积极乐观的心态,你终将发现一片"新大陆"——不仅可以缓解工作压力,还能挖掘出更多潜在的解决方案。保持乐观不仅能打开格局,转变心态,还能助你更好、更快地摆脱困境。

你可以尝试问自己:"我如何让这场危机有利于我?"或者:"在这场危机中,我能掌控什么、学到什么、克服什么?"

别再"甩锅"

你是否经常因为自己的问题或情绪低谷，而习惯性地"甩锅"到别人身上？当工作卡壳时，不妨让自己沉心静气，从自身出发去探寻，去寻找真正的"病因"。

不管你怎样"甩锅"，那些令你郁郁不欢的自身症结，都不会因此而改变。事实上，推卸责任，不过是在你探寻内心不满缘由时，将你的注意力引向了外界，让你无法坦诚地审视自我。治标不治本，无助于祛病除根。

每当你将工作的不如意归咎于同事或家人时，你其实都是在"内卷"这条路上越陷越深。学会用慈悲宽容的心态正视自我，勇于担当，方能解脱内心的困惑，实现由"职场小白"向"职场精英"的华丽蜕变。

调整心态，别被负面情绪拐跑

科学家表示，我们很容易受到"消极偏好"的影响。它让我们高估了所面临的危险，同时低估了我们战胜它们的能力。如果你一直处于"生存模式"下，看到的都是当前的危险，那么，实现工作与生活的平衡的确是个挑战。

但你完全有能力扭转局势！诀窍就在于转换视角，降低对挑战难度的预估，同时对自己的解决能力多一些信心。科学家表示，每一个消极想法，需要三个积极念头来化解。只需稍加练习，你就能走出"消极偏好"的怪圈，激活自己的"休息与消化"反应，摆脱"生存模式"的束缚。记住，**工作任务不是压力，而是探险；挫折也不是失败，而是成长的契机。**

爱上"开盲盒"

生活总有意外,不会事事顺心如意,反而经常让我们措手不及。也许是原本计划好去野餐,天空却突然下起雨;也许是车子行驶到半路,毫无征兆地抛锚;也许是一场突如其来的感冒,扰乱了原本有序的工作节奏;也许是眼巴巴盼着的升职机会,最终却与自己擦肩而过。生活从不受制于人的计划,上天自有安排,而你能做的就是适应它。

"内卷"的人追求对事物的确定感和可预测性,从项目内容、执行人、时间安排、项目地点,再到流程细节,事无巨细,凡事都要清楚明白。如若不然,他们便会焦虑万分,坐立难安。

但如果你能坦然接受结果的不确定性,便能放下对既定结果的执念,获得一种前所未有的平静。因为每一个看似无解的问题背后,都潜藏着无数的答案。

要想美好，就要学会等待

你正在读这本书，所以我猜，你很难慢下性子去解决问题，因为你很可能已经习惯了在工作中速战速决，好让自己早点翻篇，甚至还会为了图快而做出武断的决策。

殊不知，正确的决策，犹如蛋壳中的小鸡，必须经过自然的孕育过程，方能破壳而出。而工作中的重要决策亦是如此，越是急于求成，越容易事与愿违。事实上，那些"灵光一现"的解决对策，往往是在你做一些像打扫卫生、收拾桌子这样的家务时悄然出现的，因为它们是需要花点时间去孕育成熟的。

行事从容淡定的职场人懂得，在行动前，要充分权衡两种对立的观点，既不急于决策，也不慌于行动，而是耐心收集信息，仔细考量，直至找到最佳方案。一旦**你开始学会享受等待的过程，你就能在面对困境时从容应对，收获意想不到的转机。**

留点儿"缝隙"

你是不是把工作日程安排得满满当当,从早到晚一个任务接着一个任务,没空喝杯水,以至于连去趟洗手间的时间都挤不出来?你是不是总利用任务之间的短暂空档,继续追赶清单上的事项,而不是做个深呼吸,稍微放松一下,提早几分钟为下一项任务做好准备?

这种"高负荷运转"的节奏,往往会让你陷入持续的高压,火急火燎地从一项任务赶去应付下一项任务。可一旦遇到突发状况,比如堵车、家庭危机,或者健康问题,你可能会瞬间崩溃,满盘皆输。

其实,扭转这一切并不难,只需要为自己创造一些舒适的"喘息空间",哪怕是在通勤时听一首喜欢的歌,让自己放松,梳理思绪,而不是将工作一股脑儿强行塞进生活里。**别让生活被工作填得太满,得留点儿"缝隙"。**

学会自洽

你是否常常苛求自己凡事做到完美,甚至制订了一些难以企及的目标?一般来说,状态松弛的职场人会把目标定在 95%~100% 的合理区间范围,但过度追求完美的人却会给自己加码到 150%。如果你属于后者,当目标未达成时,你可能会无情地自我指责,并逼迫自己下一次必须做到"完美无缺"。但问题是,对于完美主义者来说,即便下次真的做到了,也可能依然觉得不够完美。

久而久之,这种自我苛刻,只会让"内卷"日渐加重。因为当你无法接受自己完成不了"过高目标"的事实时,你就会逼迫自己投入更多的时间和精力,甚至进入无我之境,非要去追求那遥不可及的"完美"。

学会接纳自己的不完美,接受自己的不足与瑕疵,你便能够坦然面对错误,不再苛责自己,而是接纳自己。接纳带来的宽容,不仅能点燃你的创造力,还能让你在工作中表现得更出色,成为更融洽的同事、更贴心的家人。所以,请放下对完美的执念,努力做回真实的自己,用最本真、最自然的方式展现自我。

适当"踩踩刹车"

在当今提倡快节奏、结果导向的"996"工作文化中，同时处理多个任务似乎成了职场必备生存技能。一心一意做事，反而会让你觉得自己慢人一步。可是，事实果真如此吗？

研究表明，多任务处理其实是"伪高效"。当你试图同时处理邮件和工作群时，不仅会分散注意力，还会降低工作效率，让大脑负担加重。更糟糕的是，这种方式还可能让你做事虎头蛇尾，疲惫不堪，心力交瘁，甚至还会影响生活质量。

诚然，偶尔的多任务处理无法避免，但你可以在多个任务处理过程中适当"踩踩刹车"。**不妨尝试优先排序，减少同时进行的任务；放慢节奏，完成一件事再开始下一件。**忙，并不等于有效；专注，才是高效之道。

提高"爱"的优先级

当工作凌驾于一切之上时,你会在不知不觉中忘记、忽视,甚至几近无视与家人在一起的重要时刻。或许你错过了孩子的演出,或许你忘记了家人的生日,就算你真的参加了某个家庭聚会,可能也是身在曹营心在汉,因为你的心思早已飘回了办公室。

仔细想想,你因工作错过了多少珍贵瞬间?是儿子的那场重要演出,还是女儿夺冠的致胜一球?如果你总是将工作摆在首位,那么,你在无形中向家人传递了什么样的信号呢?是时候停下来,重新审视你的工作,改变那些与"家人优先"相悖的行为习惯了。

别再"掩耳盗铃"

有没有人对你说过"你实在是太拼了"？你的家人有没有感叹你总是缺席家中的重要场合？你的朋友有没有笑称你是"失踪人口"？你的同事有没有说，你永远是那个"最早到，最晚走"的人？

如果生命只剩一天，你对现状感到满意吗？或许，你可以换个思路，看看别人是怎么看待你的。然后，你可能会猛然发现，原来你一直在"自己骗自己"，被"忙碌"的假象蒙住了双眼，忽略了很多重要的东西。当然，你也许并不认为自己是个"卷王"，但是，你却始终被这样的观念支配：一旦松懈，我就会落后于人，或者陷入困境；又或者，你会自欺欺人地告诉自己："我这么拼，不过是为了让家人过上更好的生活。"然而，事实却是，你在用忙碌逃避内心深处的不安。**停下来，扪心自问：工作之外，我为自己的兴趣爱好投入了多少时间和精力？然后，以一颗平常心，审视那些曾经被遗忘的部分，并试着给予它们更多关注。**

直面不安

你可能已经习惯了在面对那些令人不悦的情形或内心反复纠结的难题时，选择视而不见，并让自己忙个不停，不去想那些烦心事。虽然逃避现实能暂时压制焦虑的火焰，带来片刻的缓解，但从长远来看，它无异于抱薪救火，无法真正化解内心的烦忧。

事实上，逃避只会让你切断与当下的联结，蒙蔽你的清醒认知，削弱你的自我察觉能力。不妨试着通过冥想，让心灵平静下来，关注那些深埋内心的烦恼和包袱，并以一颗"清净心"，不加评判地去全面审视它们，直到渐渐找回本心。

下一次，当负面感受或情绪突然来袭时，不妨回归内心，直面它，接纳它，并尝试与它共处吧！相处过程中，你要尽可能地以一种温柔慈悲的态度，去感受这一部分的自己。切忌试图改变这些感受，而是与它们同行，就当作是在陪伴一位脆弱的朋友。同时，用心关注当下的不适感，并尽力保持觉察。每当有"逃避"的念头或是感受冒尖时，轻轻把它拉回来。很快，你就会发现，人生似乎尽是坦途。

放下执念

从小到大，我们常常被灌输一种观念：坚持到底、奋力抵抗，方显英雄本色。但自相矛盾的是，既"坚持"又"抵抗"，恰恰是一种愚昧的表现。试想一下，如果明知与逆流而来的巨浪硬拼，最终只会让自己遇到生命危险，你还会"坚持抵抗"吗？这时候，放弃抵抗，赶紧上岸才是明智的抉择。以此为例，人生中许多类似的时刻，选择放手释怀，其实需要更大的勇气和力量。

实际上，**放手并不意味着放弃，而是要放下对无法掌控或无须掌控之事的执念。当你摊开双手，世界尽在掌心。**你不再为琐事纠结，也不再小题大做；相反，你会顺势而为、随遇而安，不再紧盯眼前的苟且，而是将目光投向浩瀚的星辰与奔腾的江河。那时，你将领略到"星垂平野阔，月涌大江流"般开阔壮丽的景象。

别做职场"卷王"

你是职场"卷王"吗?凡事都要亲力亲为,不肯依靠团队协作,承担超出职责范围的任务,甚至连本应享受的休假都放弃了;对工作环境开麦吐槽,对上司无尽抱怨,还总说同事都在摆烂,没自己卷。如果你觉得这些描述很贴切,那么你可能正处于职场"受害"状态,表面上看,你被工作牢牢拿捏,实则是你自己一手揽下所有麻烦。

也许是时候好好反省一下了。你的某些坏习惯或消极思维是否在无形中加剧了工作的困扰?那能做点什么呢?是不是可以多拒绝一些不合理的事?把工作分给别人一些?把事情按重要程度排个序?干活的时候更有效率些?找能帮上忙的领导聊聊?或者干脆不干了?

当心自我评判的"二次痛击"

想象一下,你在厨房不小心撞到了橱柜,先是一阵剧痛袭来,随后,自我评判的"二次痛击"接踵而至:"哎呀!我怎么这么笨手笨脚!"坦白说,失败、犯错或挫折本身都足以令人情绪爆发,而这种自我评判的"二次痛击"无疑会雪上加霜,让心情糟糕透顶。其实,**真正让人痛苦的,不在于身体上的疼痛,而是你强加给自己的压力——自我评判的"二次痛击"**。倘若能抛开这种自我评判,你便能从容不迫地应对真正的压力源。

所以,下次遭遇挫折时,你要留意自己内心的"二次痛击",并以不带批判的视角审视自己。这就是所谓的"平静心态",一种在困境中保持冷静的能力。诚然,培养这种心态并不容易,但它绝对值得你花时间、花心力去练习。你会发现,每当遭遇挫折时,你不必用自我评判的"二次痛击"来回应。长此以往,无论情况有多么棘手,你都能从容不迫,淡定自如。

为"情感账户"储蓄

说实话,如果你总是对别人的要求说"好",那就等于一直在对自己说"不",而且还一直在做无用功。学会说"不",既不是一种软弱,也不是一种失败,反而是一种性格优势。

不妨试着将自己想象成一个银行账户。当你因为过度工作或无尽付出而濒临"透支"时,就必须为自己的健康和快乐重新"存款"。而避免"透支"的秘诀就在于,每天为自己的"账户"注入一点"能量储蓄"。例如,在工作超负荷时果断说"不",保证充足的休息、规律的运动和健康的饮食,优先安排那些既吸引你,又能为你充电的活动。正所谓"爱人先爱己",只有学会先爱自己,才有力量去打拼事业,追求理想。那么,现在的你可以"拒绝"什么,以便于在工作与生活之间游刃有余呢?思考一下,你每天需要说多少个"不",才能抵消之前因过度迁就他人而消耗掉的精力?接着,问问自己:"我要先对谁说'不'呢?"

启用"情感防冻剂"

那种埋头干工作的瘾头,淹没了你享受自在生活的念头。你将情感冰封起来,以抵御内心的焦虑、悲伤或挫败感。毫无疑问,不管你是否热爱这份工作,只要全身心地投入其中,你都会产生一种莫名的安全感。

然而,随着你迈向更加平衡的生活,你将逐渐从"做事的人"进化为"存在的人"。同时,深藏在你心底的忧虑将逐步"解冻",你将成为温暖自己和他人的小太阳。最重要的是,你不再如以往那般执着于掌控一切,也不再过度追求完美,而是以全新的方式发掘自我价值。

一个不争的事实是,在工作中寻求安慰,也许让你避开了纷繁复杂的人际纠葛,将自己置于一个可控、安全的环境中。但是,无休止的忙碌亦可能将你内心的温情封锁,将你的情感"冰封"起来,使你与周围人的关系日渐疏远。在新的一年里,扪心自问:在我内心深处,哪些角落亟待"解冻"呢?

自我反思

有一次，一个陌生人走近正在田间劳作的农夫，问道："我想搬到这儿住，这里的人怎么样？"农夫反问："那你之前住的地方，人都怎么样呢？"陌生人答道："他们自私、刻薄，还不友好。我迫不及待想离开。"农夫答："哦，我想这里的人也差不多，你大概不会喜欢这里。"陌生人听后，转身离开了。

当天晚些时候，另一个陌生人问了农夫同样的问题："我想搬到这儿住，这里的人怎么样？"农夫依旧反问："那你之前住的地方，人都怎么样呢？"陌生人答道："他们很好，慷慨、友善，又热情。我很舍不得离开。"农夫笑着说："那么我想这里的人也是这样：慷慨、友善，又热情。我相信你会喜欢这里的。"

人性如镜，你眼中看到的，往往是自己的倒影。他人的缺点犹如汽车大灯，在你看来，似乎比自己的缺点更为刺眼。然而，你可曾意识到，你的远光开关，也是拨开的。我们常常看到他人的缺点，却忽视了这些可能正是我们内心深处不愿面对的一部分，而一味紧盯他人的缺点，只不过是为了逃避面对自身的缺点罢了。

活在当下

面对死亡，方觉人生短暂。与其纠结今天的不如意，或担忧明天的未知，还不如回头看看当下的生活：无缝衔接的会议、下班后手机依然响个不停、周末堆积如山的工作……想想那些你爱的人，问问自己："我每日的生活，是否与我心底最珍视的事物同频共振？"

拉丁箴言 Carpe Diem，意为"活在当下"，启示我们：尽情过自己想要的生活，务必做好该做的事。或许，今天就是向他/她说"我爱你"，坦白隐藏许久的心事，或修复裂痕、重归于好的良机。那么，就从今天起，让梦想照进现实，让人生不留遗憾！

承认无能为力

在"卷王匿名互助会"内部,广为流传着治好"内卷"的十二步互助方式。第一步,承认面对"内卷"的现实,我们无能为力,而且生活已经变得难以掌控。实际上,承认自己"无能为力"可以消除自以为是的优越感。这不是一种失败,反而是一种智慧。它让你认清自身的不足,让你学会谦逊,让你知道:茫茫人海,你我皆凡人,人人都有犯错和无力的时候。任凭你再怎么努力,也不可能控制大千世界、芸芸众生。所以,你必须把生活的指挥权交由那些超越你的力量。虽然这听起来有点不合常理,但当你承认面对"内卷"无能为力时,你就会被赋予摆脱这一困境的能力。

你虽"无能为力",却可"无为而治"。在这充满希望的一章里,虽然很多事情你没法完全掌控,但你难道不想去探寻那些有益身心、彰显大义之事吗?你一定可以!

本章心得

- 在拥有足够的"信心"和"情绪耐力"之前，先给自己搭个临时"脚手架"，来帮你逐步实现工作与生活的平衡。
- 警惕过度工作的强烈冲动。
- 承认过度工作已经让生活失控。
- 练习"深度聆听"和"直面不安"，同时全身心地关注周围正在发生的一切。
- 学会承认自己的缺点，并无条件地接纳。
- 接受你无法改变的事情，并改变你可以改变的事情。
- 活在当下，全心全意地过好每一天，这样明天就不会留下遗憾。

第二个月

倾诉与同理心：如何构建和谐的人际关系

一身松弛感的"打工人"坐在办公室里，

幻想着在滑雪坡上自由飞翔，

而一身"班味"的"卷王"站在滑雪坡上，

惦记着办公室里忙碌的事务。

用心觉察

你是否常常一边纠结过去,一边担忧未来,然后干脆"埋"进工作堆里?你是否一到冬天,就莫名"emo"上身?其实,向一股比自己更强大的力量靠拢,真的可以帮你赶跑坏情绪、治愈"小崩溃",还能让你发现:你并不孤单!这股力量可能源于一位得道高僧,可能来自一位知心朋友,也可能来自一位心理咨询师,或者来自"卷王匿名互助会"的一次线上讨论,抑或来自一位慈善家……无论任何来源,这股力量都能助你从"牛马式内卷"中"翻身下磨盘",重启属于你的美好人生!

只要你学会对自己和他人多一些同理心,内心的抑郁便会逐渐消散。倘若你还能乐善好施、积德行善的话,那么内心的阴霾将慢慢褪去。届时,你会感受到内心充满光明,仿佛佛光普照,周身洋溢着温暖,同时还能收获"助人快感"。这是一种源自目标达成和内心满足的幸福体验,让你整个人都沉浸在愉悦之中。

本章将带你深入探索"同理心"的力量。扶着"同理心"的大手,你将迈向更健康、更平衡的生活。慢慢地,你会发现,思想这匹"烈马"不再尥蹶子,而是被你牢牢掌控。同时，你将藉由"心语"的能量，化解心中的嗔恨，浇灭那无名怒火，从而实现内心的澄澈，体悟到生命的本真，达到明心见性的境界。那些让你抓狂的人，比如楼上养狗的邻居、排队加塞的顾客、"扑通"入水把游泳池炸翻的人——其实都是和你一样的人，都是尽力把生活变得更美好的人。因为人生海海，每次遇见，皆是你心生的涟漪、心灵的倒影。

专注当下

你有没有注意到，有些人边开车边回复消息，或者边吃饭边疯狂敲键盘？我猜你肯定有过类似的经历。身处如同开启自动驾驶模式的惯性状态，一边追悔着过往的种种，一边又忧虑着未来的结果，以至于把当下过成了一地鸡毛，仿佛当下只是你冲向截止日期或下一项议程途中的"绊脚石"。要是这样，说明你的思维已经反客为主，变成了你的主宰。

正念练习能帮你重新掌控思维，将你的注意力聚焦于当下，让你倾听内心深处的声音，并带着同理心推己及人。

首先，你需要找一个让你感到舒适的地方，闭上眼睛（睁开也无妨），将注意力集中在那些缓缓流动的思维上，不评判，不干涉，只是观察。然后，想象这些思维如溪水中的树叶，随波缓缓而下。五分钟后，注意身体和内心的变化，以及这项练习给你的感受。

随心所欲

当我们初降人世，心灵的底色便是爱——纯洁的爱。但随着时间推移，我们的心灵难免受伤，于是心里就筑起了一道心墙，只为在这"生活"的迢迢长路上，觅得一方安身立命之地。后来，为了远离心碎的痛楚，我们让工作主宰生活，任由工作麻痹、吞噬自己。表面上，一切似乎尽在掌握之中，实际上，我们却早已紧闭心门，与爱渐行渐远。

但是，爱从未离开。它就潜藏在那些让你心潮澎湃的瞬间中：藏在出席家里长子毕业典礼时的热泪盈眶中，藏在见证幼子投出制胜一球时的热血沸腾中，藏在失去挚爱时的汹涌泪海中。现在，是时候重启心门，直面内心的脆弱，走进心灵深处，倾听那些一直被我们忽视的"心语"。当你找到那些让你动容的瞬间，你会发觉，原来爱不仅能疗愈心灵，还能让你以更宽容、仁爱的胸怀去拥抱人生。

给自己五分钟

当工作和任务成了你生活的头等大事,你将错过生命中的美好瞬间。你是否像戴着眼罩的赛马一样,只顾着跑到终点,而忘记了沿途的景色?这种日子,真的有意义吗?

如果你暂时撇开几项任务,花几分钟感受当下,生活又会呈现出什么模样?别担心,我可不是让你腾出很长时间,而是**从一天的一千四百四十分钟中,抽出五分钟,去体会那些平时忽略的小美好**。等等,你是不是想借口说,整天从早到晚,都挤不出这宝贵的五分钟?别骗自己了,还剩下一千四百三十五分钟,够你把工作做完的。这五分钟,用来看看清晨蛛网上露珠闪烁的光芒,闻闻冬夜月光下烟囱袅袅升起的青烟气息,听听窗台上鸟儿清脆的鸣唱,让生活的美好再次润泽你的心田,岂不美哉?

HALT：稳住稳住

英文单词 HALT 不仅是"停止"的意思，更是"饥饿（hungry）、愤怒（angry）、孤独（lonely）、疲倦（tired）"的首字母缩写。一旦你发现，自己被"内卷"拖得精疲力尽，生活偏离正轨，这个警示信号可以让你恢复平衡。无论你正处于上述哪种状态，还是几种状态纠缠在一起，HALT 都能温馨提示你：慢慢来，或者干脆停下来。

下次，当你被工作压得喘不过气时，记得让 HALT 来提醒你：深呼吸，静下来。首先，深吸一口气，让空气流进腹部，屏住呼吸，默数六下；然后，轻轻噘起嘴唇，将气缓缓呼出。

同时，也要学会善待自己：肚子饿了就吃东西，生气了就合理发泄出来，寂寞了就煲个电话粥，累了就"躺平"恢复体力。

保持钝感力

有一天，老板经过你的工位，你微笑点头示意，却没有得到老板的任何回应。瞬间，你开始敏感多疑：难道是我哪里做得不好，惹她不开心了？后来，你才知道，她当时心里正想着一堆事儿，压根没注意到你在那儿。

不假思索地把消极想法当成事实，只会徒增不必要的麻烦。不妨试着先把这些假设放一边，然后问问自己："这些想法靠谱吗？"当你学会确认事实后再下结论，你就会发现很多内耗是完全可以避免的。随着不断练习，你会幡然醒悟：**遇事不妄下结论，等真相浮出水面再做判断，人生反而豁然开朗。**

无惧脆弱

拼命工作如同作茧自缚，看似可以让你拥有"安全感"，实际上让你跟别人疏远了。而袒露自身的脆弱需要莫大的勇气，因为这意味着要承担情感层面可能遭遇的风险，比如坦诚地分享内心感受，毫无保留地说出真实想法，以及在犯错时诚恳地道歉。

人脑与心脏之间的距离，不过短短十八英寸，然而，这或许堪称人生最为漫长的一段旅程。拉开心灵的帷幕，让家人、朋友或同事看到你最真实的模样吧！尽管袒露自己的弱点存在风险，但是，当内心的声音得以倾诉，由此带来的心灵治愈与成长蜕变，会让你觉得所有的冒险都是值得的。

好好吃饭，别"狼吞虎咽"

你知道吗？美国人在快餐店吃午餐，平均只花十一分钟？你呢？吃饭的时候是不是也不走心，随手抓起一块点心，猛灌几口咖啡，三下五除二就把点心"炫完"了？

其实，一个健康的体魄，不仅能帮你更好地应对压力，还能让你成为职场的一棵"常青树"。要知道，你吃进嘴里的每一口食物，还有你吃东西时的心情，都会潜移默化地影响大脑的运作。现在，是时候调整一下疯狂的工作节奏了。试着改变一下，**把吃饭当作一项"独立任务"来处理，就像对待一项重要工作那样，用心去品尝，感受每一口食物带来的力量。**

表达感恩

"既要、又要、还要",这种索求无度、欲求不满的心态,就像是个无底洞,你越是试图填满它,就越是深陷其中。怀着这样的心态,你将执着于通过疯狂"内卷"、频繁加班、过度劳累来弥补自己的空虚。然而,有些东西,是你无论多努力也无法得到的。

要改变这一模式,你可以采取一种更为可靠的方式来获取满足感:对自己拥有的一切心存感激。**从现在起,列一张清单,写下那些让你感到人间值得、不枉此生的美好。列好后,想象一下,倘若这些习以为常的美好倏地消失,生活将会多么空洞而了无生趣。**

别再"吹毛求疵"

你是否习惯性地揪住自身缺点不放,反复进行自我抨击,却从未想过,换一种更积极、更具自我关怀的态度,或许能让你在职场中大展身手,效率翻倍?你总是用批评来鞭策自己,生怕一旦松懈,就会陷入"躺平摆烂"的状态。

但总是对自己吹毛求疵,只会自毁前程。承认自身的不足与失败固然重要,但别忘了为你的成功"喝彩",为你的优点"点赞",以温柔的态度对待自己。

停止过度自我怀疑

自我怀疑成瘾如同一个"恶魔"，会日夜纠缠着你。当你处理重要工作时，它会紧紧尾随；当你展示大型项目，或是尝试修复一段重要关系时，它就潜伏在你的身后，出其不意地给你使绊子，让你陷入困境。

其实，适度的自我怀疑原本无伤大雅。它就好比一种"制衡机制"，可以帮助你探求真相，而且能让你冷静分析问题，让决策更加审慎，避免盲目行动。然而，一旦怀疑过头，尤其是当你误以为自我批评能让你更接近目标时，就可能产生负面影响。

也许，只有把自己当成最喜欢的人来对待，才是最好的解药。例如，当你感到工作压力大的时候，用鼓舞士气的话语和贴心的安慰，为自己加油打气。实际上，这种自我激励的方式，不仅能帮助你缓解压力，平复情绪，还能让你在面对任何困难的时候都能保持冷静。总之，你可以接纳那些犹豫不决的想法，但别让它们成为自我怀疑滋长的温床，相反，你要把它们转化为平衡生活的锦囊。

解锁彼此"爱的语言"

"我是否真的在用心爱着我在乎的人?"如果你正身处一段亲密关系中,你和伴侣对爱的感知方式很可能有着云泥之别。

爱的表达,千人千面。有人感受到爱,是因为伴侣高质量的陪伴或一句真心的赞美;有人感受到爱,是因为收到伴侣精心准备的礼物,或是伴侣为其烹煮一顿饱含心意的美食;还有人感受到爱,是因为伴侣的拥抱、牵手这样的肌肤相亲。

那么,你是通过什么方式感受到对方的爱呢?你又是如何向他人自然流露出你的爱?这些问题的答案,将解锁你们彼此"爱的语言"。接下来,你要把这一重大发现告诉你的另一半,并**尝试在日常相处中用对方的"语言"表达爱**。我敢肯定,这必定是一份无与伦比的情人节礼物!

别做一颗职场"流星"

在美国企业文化中,"卷王"常被包装成一种正面形象。但研究表明,"卷王"不仅效率低下,甚至会破坏一个组织建立起的信任。诚然,"卷王"先是"制造危机"博取眼球,然后又以"解决危机"赢得赞美的戏码已屡见不鲜。

如果你是个"卷王",那么你很可能会沉迷于工作"过程",而不是想着去"完成"。你或许任劳任怨、事无巨细,结果却常常是得不偿失。而真正的高效能人士,不仅能多快好省地搞定任务,还能与团队打成一片,知人善任、善于分工。他们以创新为动力,奋勇争先,不畏风险,矢志不渝地追求创新成果。

实际上,"卷王"的职业轨迹与"流星"轨道如出一辙:起初,绚烂于天际,但最终黯淡收场。如果你总是在工作的琐碎细节里忙得晕头转向,别慌!现在来个一百八十度大转弯,换种工作方式还来得及!学会分工,设定优先级,避免超负荷,放宽眼界,打开格局。面对错误时,切不可逃避或掩饰,要积极自我纠正,视错误为成长的跳板。如此一来,你定能在职场中如"恒星"般持续散发耀眼光芒。

关注你的身体

你会像大部分人那样,把爱车看得比自己的身体还重要吗?每次给爱车清洗、打蜡、保养、加油,你都一丝不苟,可是你自己的身体怎么办?

工作时,你精力满满,劲头十足,可你是否不断逼自己和团队冲刺不切实际的目标,让每个人的头顶都戴着紧箍咒?你的身体更像是装上了飞机引擎,飞速运转。然而,当你进入"边换胎边飞驰"的状态时,你是否为你的身体提供了应有的保养与维护?

或许,你对这具肉身太过司空见惯,反倒不像了解自己的座驾那般熟悉它。毕竟,**一旦爱车发出异响,你会立即检查,而身体的倦怠信号,你却一再忽视**。你或许会对身体的疼痛不适不管不顾,或是对身体机能下降的状况视而不见,殊不知这些可能就是身体垮掉前拉响的警报。

汽车和身体的区别在于,车坏了可以修,甚至可以换,而身体却是你唯一的"居所"。除非你能实现灵魂对肉身的超脱,仿佛灵魂已不再寄居于这副躯壳,否则你便需要始终与它相伴相依,片刻都无法分离。重新关注身体,聆听它的声音,这真的很重要。所以,行动起来,好好珍视这个承载着你,带你奔赴心之所向的"生命座驾"吧。

照亮你人格深处的"暗影"

一位女同事曾告诉我,有个客户递给她一张崭新的百元美钞来支付诊疗费。客户离开后,她发现客户误给了她两张粘在一起的钞票。她的第一反应是:"多出来的一百美元,我可以自己留着,反正没人知道。"最终,她还是出门追上客户,把钱还了回去。

这个小插曲不禁让我想到,每个人的性格中都潜藏着"暗影"。但你是愿意直面它,还是掩盖它,甚至是否认它?其实,治好"内卷"的一条必经之路,就是承认你曾经伤害过他人:他/她可能是家人、朋友,也可能是同事。当然,这不是要你自我谴责,陷入无尽愧疚,而是想让你带着同理心,看清你自己应该是谁,现在是谁,将成为谁。

顺势而为

皮划艇运动员们常说,遇到激流旋涡时,最好不要惊慌,放轻松,然后让水流自然将你推离漩涡。但是,大多数人的本能反应都是拼命划桨、奋力击水,继而越陷越深,直至被水淹没。

同样,要想摆脱奔腾咆哮的消极思维,与其苦苦挣扎,不如带着好奇心去欣然接纳、静静观察。虽然这听起来违背常理,但是一旦你允许它们自由来去,不对号入座,不抵触抗拒,也不盲目认同,它们就会像水流中的落叶,顺流而去,轻盈飘远。

试着挑一个让你纠结的消极思维,把它"拎出来",开启你的上帝视角,冷静观察。 片刻后,你就会意识到,它既不能真正左右你,也不是你的真实写照,甚至未必是真实的。渐渐地,那些坏情绪就会悄然飘去,杳无踪迹。

学会说"不"

讨好型人格的根源,是缺少安全感。同时,它也是一种对自我主观意识的无情放弃。结果呢?所有人都喜欢你,除了你自己。

要知道,试图取悦所有人,终究只会让你在他人的期待中迷失自我。生而为人,生活中难免会有人,甚至可能许多人,对你感到愤怒或不满,这是不争的事实。所以,关键在于学会拒绝,停止为博得他人认同而压抑本心,坚守自己的立场。总而言之,坚定自己的立场,学会说"不",才是最重要的。这虽然需要你鼓起莫大的勇气,却能赋予你更乐观的心态,让你找到生活与工作的最佳平衡状态。

选择改变

你是否曾感觉人生在日复一日的工作中匆匆流逝？如果你的答案是"是"，请举手。我想，大部分人都有这种感觉吧？那么再问一个问题：当生命走到尽头，回头看自己的生活，你还会怀念在办公室里"狂卷"的那段日子吗？我想，这次举手的人可能寥寥无几。

如果人生可以重来一次，你会选择改变什么？是选择多听，还是不急于表达？是哪怕家里杂乱，也大方地邀请朋友来相聚？是生病了就该请假休息（毕竟地球离了谁都照转，公司也是）？还是多说几句"我爱你"和"对不起"？当你思考这些问题时，内心又会泛起怎样的涟漪？

赞美自己

真正的成长,是不需要别人的承认,也要把自己的工作做好,内心强大地审视自己。一旦你学会在无人喝彩时坚定前行,外界的波动便不能再动摇你分毫,届时,你将与工作和睦共处,进而洞悉自身价值,当你深刻认识到自身价值,就能从内心建构起强大的自尊自信,成为职场中淡定自若的强者,牢牢掌控命运的方向盘。从现在开始,为自己完成的每一项工作喝彩吧!少挑毛病,多看优点,别让那些微不足道的瑕疵掩盖了整体成就的光辉璀璨。记得定期给自己点个赞!

诚实面对生活

在"内卷"逐渐加重的过程中,你很可能会把工作资料藏得到处都是:公文包里、行李箱里、背包里、汽车座椅下面、洗衣袋里,甚至裤兜里,而这样的行为,也招来了家人与朋友的嗔怪。是啊,身为一个"卷王",你不仅会偷摸工作、偷藏工作,甚至还会对妨碍自己工作的人发火。无论你属于哪种情况,实质上都是对工作的"不忠"。

实际上,这种"偷偷摸摸"的行为,与酒鬼藏酒瓶没有什么两样,都是一种"自我绝望"的表现。你不惜一切代价也要满足工作欲,哪怕得撒谎,或者伤害你最爱的人。因为从"卷王"的角度来看,瞒着家里人工作,似乎能缓和家庭矛盾,但是一旦事情败露,留下的只会是背叛、不信任,甚至是无法修复的关系裂痕。

当你察觉自己难以抗拒工作的诱惑时,请停下来问问自己:"为何我总是忍不住去欺骗?"诚实,不仅能让你从自欺欺人中解脱出来,还能让你学会承认错误并宽恕自己。

重拾激情

"激情型职场人"总能从内心的渴望中汲取力量。他们追求的是创造性的贡献,而非仅仅完成任务。这类人往往锐意进取、敢于拼搏。而"卷王"则把工作当成一个避风港,试图用忙碌躲避荆棘丛生、阴晴不定的内心世界。

从生理角度看,"激情型职场人"运用的是"休息与消化"模式,而"卷王"则长期处于"战斗或逃跑"模式,导致身体一直受皮质醇和肾上腺素的影响,从而引起免疫系统紊乱、心脏病、糖尿病、消化不良等一系列健康问题。

"激情型职场人"善于自我纠正,并从错误中吸取教训,而"卷王"则试图掩盖或避免错误。

扪心自问:你的工作是由热情驱动,还是被压力驱使?如果你是后者,不妨切换到"休息与消化"模式,调整自己的节奏,用更平和的心态处理工作,收获更大的满足感。

重新审视福祸

古时候,中国有位养马的老农。一日,他的一匹老马跑进了山里。邻居们听闻此事,纷纷赶来安慰老农,同情他的不幸遭遇,然而,老农答道:"运气好不好?谁知道呢?"谁料,一周后,那匹老马竟从山里带回了一群野马,村里人纷纷道喜。老农依旧答道:"运气好不好?谁知道呢?"没多久,老农的儿子在驯服一匹野马时,不慎从马背上摔了下来,摔伤了一条腿。众人皆认为这无疑是飞来横祸,倒霉透顶。但老农依旧说:"运气好不好?谁知道呢?"果不其然,几周后,军队征兵,村里的青年悉数被征召,唯有老农的儿子因伤免于参战。那么,这究竟是运气好,还是运气不好?谁又能知道呢?

生活如同这则寓言,"祸兮福之所倚,福兮祸之所伏"。如果能记住这一点,你就总能在绝望中找到希望,在逆境中迎来曙光。下次,当你陷入低谷时,请试着提醒自己:事情的好与坏不在于其本身,而在于自己如何看待。坏运未必真坏,好运也未必真好,祸福相伴相依,命运自有玄机。

调整预期

康复圈里有个金句:"期望是失望的温床。"如果你对将来有所期待,一旦情况没有按照你的设想进行时,失望和伤痛便会不请自来。事实上,正是这种"必须如我所愿"的心态,让你难以接受现实。久而久之,一旦事情不如意,你很可能就会心态崩盘。而这正是"固执己见"最糟糕的表现。

当你开始意识到这种固执背后的不成熟,你就会发现:世界有自己的运行法则,许多事情并不会按照你的意志发展。无论你再怎么努力,也无法让每个人、每件事都如你所愿。

如果你总是试图掌控一切,现在是时候做出一些调整了。你要明白,人生的任务,不在于掌控一切,而在于与不确定性共舞。你虽无法消除生活中的失望之事,但只要你以一种成熟的心态接受现状并尽力而为,定能峰回路转、柳暗花明。

摘下"无线枷锁"

如今,"996"已经取代"朝九晚五",成了二十一世纪职场的代名词。这些变化清楚地表明,工作已经悄无声息地侵占了我们的每个瞬间,而那些无线设备已经成了勒住我们的"项圈"。虽然它们可以让你在滑雪时参加会议、在海岛度假时回复邮件,但是如果任由这些"无线入侵者"侵蚀你的生活,你将会陷入一场疲惫不堪的角逐,逐渐丧失对生活的兴趣。

如果工作时间正在不断挤压你的私人空间,那么你将面临一项艰巨挑战:既要密切关注个人生活,保持合理节奏,又要以一种共情的、人性化的态度与他人保持关联。现在,是你该划清界限的时候了。这就好像修理完家具后,要把锤子和锯子"归位"一样,你的无线设备也应该被收工"归位"。问问自己:我是"越界者"还是"守界者"?然后思考,如何创造更多的时间,让自己享受更轻松的生活?

高能加持

凭借"自我意志"去掌控人生，表面上看似坚强，实际上却会让自己陷入孤立无援的境地。"卷王匿名互助会"的第二步告诉我们：唯有信任超越自身的能力，才能重获平衡的人生。

仅凭一己之力，你永远无法知晓让自己不断向上发展所需要的全部奥秘。但是，当你笃信有一股"超然之力"在支持着你时，你就会拥有克服困难的信念与勇气。而一旦你让宇宙间这股强大的"洪荒之力"为你指引方向，你便能带着"全新"的信念与勇气迎接未来的每一天。届时，你内心能量将直接拉满，既能锐意进取又能随遇而安。

实际上，这股"超然之力"并不局限于某种特定形式。它可以是一种坚定的信仰，可以是自然的奇迹，可以是浩渺的宇宙；可以是"卷王匿名互助会"的线上会议，甚至，还可以是互助小组里那些暖心的话语。关键在于，你要坚信，在自身之外，存在着一股更为强大的力量。而这股力量，就是专属于你的"原力"。

本章心得

- 不堪重负时，记得用"HALT"法则让自己冷静下来，停一停。
- 偶尔拔掉电子设备的插头，享受生活的别样乐趣。
- 解锁彼此"爱的语言"，增进与爱人的亲密关系。
- 列举缺点时，习惯性地彰显自身"亮点"，更全面地认识真实的自己。
- 在每一个逆境中寻找希望，这样失望就不会将你击倒。
- 连接更强大的力量，让自我意志不再主宰一切。

第三个月

放下与释怀：如何轻装前行

幸福并非靠竭力追求与坚强意志才能寻得，

它早已存在于当下，在放松和释然中悄然绽放。

放下执念，顺其自然

在我们北卡罗来纳州的山区，流传着这样一句话："要是被熊逼上了树，不妨看看风景。"这句话意在劝告人们，当遇到不可控的情况时，最好是放下对结果的无谓执念，享受当下，顺其自然。如果你是"高效能人士"的话，那么在你的脑海中可能经常闪过一些消极思维。但是，你却只因为它们在你脑中浮现，就对其信以为真，接着便会陷入不良情绪和糟糕决定的恶性循环中。随之，你会强求现实符合你的意愿，把自己搞得身心俱疲。你还会为那些自己无法掌控的事情而长期沮丧，一味地强行扭转、抗拒现实，固执己见。

其实，放下与释怀是个人力量与勇气的体现，而不是失败的标志。当你能够后退一步，让自己平静下来，你便会发现，那些消极思维就像牢笼的"铁栏"，让你看不到生活中的一切可能。而想要放下对未知的执念，让生活按照其本来的轨迹发展，你就必须拿出雄狮般的勇气。

本章将帮助你培养出雄狮般的勇气，摒弃过去被灌输的狭隘思想，这些思想限制了你的视野，干扰了你的思考。其间，你将逐步拓宽眼界，不再紧紧抓着固有的信念、情感和行为模式不放，转而用广角镜头去看待大千世界。随后，你的生活将迎来更多积极的可能性。最终，你会带着雄狮般的果敢开启一段历程，但以绵羊般的温和结束这段历程。此时的你，不仅兼具力量与勇气，还多了一份温柔与慈悲。你将真正做到心有猛虎，细嗅蔷薇。

练习"来回切换"

如果你过着紧张、飞快的生活,那么你很可能已经忽视了身体发出的信号。因为你一心只想着把事情忙完,不仅习惯性地把酸痛不适抛在脑后,更不会去关注逐渐累积的压力。结果,你非但没能照顾好自己的身体,还在不知不觉中把身体透支了。接下来的练习可以让你重新关注身体。

步骤很简单:闭上眼睛,留意感到有压力的部位——可能体现为疼痛、紧绷、酸痛或是压迫感。接着,把注意力转移到压力较小或没有压力的身体部位,专注于这种没有压力的状态,感受那种放松——心跳更平稳,呼吸更悠长,皮肤温热,下巴松软,肌肉自然舒展。然后,想象这种轻松感慢慢扩展到身体的其他部位。

现在,回到原先那个紧张的部位,看看是不是已经稍微舒缓了,花上几分钟时间,专注感受这份放松。接着,继续在紧张和放松之间来回切换注意力,留意哪里的紧张开始减轻,并把注意力放在那种减轻的感觉上,然后让它慢慢蔓延至全身。

"放下"即为解脱

你也许对"紧抓自己想要的东西"更为熟悉，而不是"学会放下"。我们身处的环境，总是教我们如何"占有"，而不是"给予"。这种习性，不仅在物质层面根深蒂固，在情感层面亦是如此。人们似乎总觉得，若能有所得，才是人生赢家；而一旦有所舍弃，就等于输了。于是，比起洒脱放下，你更执着于不放。

所谓的"放下"，就是甘愿松开那些占有欲很强的念头与情绪，敞开心扉去接纳。这种行为会让你成为更好、更强大的自己，成为生活的主人，而不再是牺牲品。无论生活抛给你的是什么，学会随遇而安，而不是一味执着以求，你就能与生活和谐共处。之后，你便能从容应对各种状况，人生也会更加顺遂。

试着探寻一番，是否有某个人或某件事，动摇了你"放下"的能力？下一次，当这个人再度出现时，或者你又陷入同样的处境时，试着让自己解脱出来。然后，感受那种自由畅快的感觉，体会"放下"是怎样帮助你缓解内心焦虑的，以及顺其自然是如何为你带来更多幸福与安宁的。

自洽，但不自我

我有位朋友非常喜欢漫长而温暖的夏日。夏至那天，我打趣她："今天你该开心到飘飘然了吧！"结果，她却说："不，我反而有点难过，因为从明天起，白天就会一点点变短了。"当我说她这是在庸人自扰时，她才惊觉，自己的狭隘眼光已经让她看不见当下的美好。

其实，"卷王"的思维也往往都是比较狭隘的，而且还不留任何成长空间。它会不由自主地将各种情境局限化，让你在无意之中，变得以自我为中心。然后，你只会看到自己的失败，那些让你抓狂的事，还有尚未完成的种种目标：那份总也提不起劲的工作、不顾及他人感受的同事，还有索然无味的公司聚会……就这样，你不断积攒负面想法，而这些想法最终成了你看待世界的"滤镜"，影响你对周遭一切的认知。

关键在于，要学会从更广阔的视角审视生活，这样才不至于在有时间品味之前，就让美好的时光从身边悄然溜走。当你学会欣赏那些让你会心一笑的细微之处，比如一朵花的香气，或者看到同事们齐心协力攻克难关时，你会发现自己对工作和生活有了更为积极的看法。生活的美好其实就隐匿在这些看似平凡的瞬间里，只要我们用心捕捉，便能多一分快乐，为生活多增添一抹轻盈。

睡个好觉

有人说，绝望与希望之间就差睡个好觉。睡眠不足不仅会增加心脏病的风险，还会削弱学习能力。为了让睡眠更有质量，你需要有固定的就寝时间，并尽量让卧室保持舒适、温暖、空气流通。很多人往往忽略了睡个好觉的价值。事实上，和均衡饮食、适量运动一样，保持充分的休息并不会让你在工作中"掉链子"，反而会让你效率倍增。只要能睡得饱饱的，你就会比那些熬夜拼命的人拥有更好的身体、更高的工作效率，以及更敏捷的思维。

观察强迫性思维

如果你和绝大多数"工作强迫症患者"一样,即便别人对你已经非常满意,你自己设下的高标准却始终遥不可及。你习惯被那些"再接再厉、再多接点活儿"的强迫性思维所驱动,哪怕你的事业和家庭生活早已不堪重负。你会在睡梦里、聚会中,甚至和朋友一同徒步登山时,依然被这些想法左右。它们在你踏进办公室前就迫不及待地等在那里,也会在你与亲密爱人的交谈中时刻提醒你"还有工作没做完"。你几乎无法停止关于工作的思考、谈论和投入。渐渐地,这种"上瘾"成了一个痛苦的负担,可你又不敢停下来,因为身边所有人似乎都在依赖你。

不妨试着留意你的强迫性思维,并带着好奇心,看看它们是如何在脑海中自然流动的。别过度依赖它们,也别把它们当成你的全部,更不要抗拒或认同,就任其自由来去。最终,它们会自行消失的。

大处着眼

在面对挑战时，不妨从更高的层次俯瞰困境，尽量发散思路，罗列各种可能性。要提醒自己，眼前的挫折既不意味着你个人的失败，也不会永远存在。只要学会换个角度、放大格局，你看到的就不是阻碍，而是无穷无尽的美丽。如此一来，你的注意力自然而然就会从难题本身转移到寻找解决办法上。你可以问自己："我能怎么逆势反转，让局面对我有利？""在这些负面因素中有没有隐含的正面价值？"或者，"我能不能把眼前的不幸放进更大的范围内重新审视？"然后，你就会发现，其实每个困难中都蕴含着转机。

在科学上，这种思维被称作"拓展和建构效应"，也就是通过打开思维视野来应对逆境。经常运用这种方法，会使你逐渐积累一种更积极的心态，让你的行动力与乐观精神变成"默认设定"。

专注于当下

假如你是个"卷王",那么你很可能穷此一生都在想要"收获好处",以至于对当下发生的一切视而不见。一旦开始关注自己的想法,你可能会惊讶地发现,大脑几乎每分每秒都在想方设法地"追逐快乐,逃避痛苦"。

比如,**你只想着赶快"熬过"堵车,而不是用心体验堵车时的感受;你只想着快速冲个澡赶去上班,而没留心洗澡的过程;你只想着早早把饭做完去看电视,而忽略了烹饪本身的乐趣。当你迷失在对过去或未来的幻想中时,这些与当下脱节的片段,就会让你与周围环境及真实的自我切断联系。**

想要更好地与自己建立联系,不妨每一刻都留意自己的思绪飘向何方。你会清晰地察觉到,真正活在当下时,与脑海中不断翻腾着回忆或纠结于未来的种种时,这两种状态下的感觉有多么不同。每当你发现自己开始分心,哪怕是在阅读这些文字的过程中,请轻轻地将心思拉回此时此地。

停止负面思考

在工作重压之下，你脑海中对自己念叨的那些想法往往如闪电般转瞬即逝，以至于都没来得及细细分辨。过度工作的行为，其实和你得出的某些"夸张结论"脱不了干系，而这些结论大多都被扭曲了。比如，"我必须同时满足每个人的期望，否则我就是个失败者""如果我做不到完美，那这事儿就毫无意义"，以及"所有人都应该喜欢我"。这类念头其实让你背负了不切实际的负担。

一旦你说出这样的话，你的大脑就正在被"要么全有，要么全无"的极端思维模式掌控。这是一种试图将生活强行归类的痛苦，但现实生活并不受这种"全或无"的操控。这种思维会把各种可能性硬生生地挤到"黑""白"两个极端，助长各种各样的成瘾行为。"十二步康复计划"称这为"臭思维"。总之，这些夸张的思维会让你的判断力变得模糊，让你的选择变得受限，让你变得犹豫不决，最后作出糟糕的决定，进而带来过度的工作、损坏的人际关系，以及削弱的个人目标。

如果你一味觉得自己"必须工作"，那么你就会低估自己实际完成的工作量。下一次，你若发现自己又陷入了这种"非黑即白"的"内卷"念头，请竖起你的"天线"，倾听你的内心独白，一旦出现诸如总是、全部、每个人或没有人、从不、一个也没有之类的表述，就说明"全有或全无"的思维又在作祟了。那么，你可以把目光转向那些"灰色地带"，尝试弹性的解决方法。比如，对自己说：**"我没必要满足所有人的期待，把事情做到我能做到的最好就足够了。"**

选择等待

有些人总是行色匆匆,似乎想在时间"宣判终结"前,先以工作透支的方式把时间"干掉"。与其在交通高峰或漫长的购物排队时"消磨时光",不如如实接纳此刻的情形,把它当作"缓冲垫"。当你告诉自己"是我选择了等待"时,你便能跳出受害者的思维定式,获得内心的力量。这种思维转变,不仅能减轻压力,还能让你收获宁静平和的心态。同时,你可以专注当下,利用这些碎片化的时间自省,适当舒展筋骨,感受呼吸的节奏。

与其和那些慢吞吞的人生气,不如把他们当作提醒你放慢脚步的榜样。**要知道,如果你以一颗"清净心"去看待身边的人,你便可以在别人的脸上看见自己的不耐烦和急躁。**

与"自我批评家"和解

每个人心中都有一位"自我批评家",它在你的脑海中聒噪不休,甚至还对你进行显微镜般的审视。其职责就是把你的错误点出来,好让你在战场上不至于被一枪爆头,就像是一心想要保护士兵生命的严厉教官一样。

事实上,你无法摆脱这位批评者,所以不用试图将其驱逐,但你可以试着与之建立一种特殊关系。下一次,当它拉响警报时,提醒自己,那只是你内心的一部分,而不是你的全部。如果你能把"自我批评家"当作一个独立个体去倾听,而不是将其等同于你自己,你就可以与之拉开距离,不至于自我攻击。一旦你意识到,"自我批评家"只是你内心的一部分,而不是全部的时候,"信心激励者"便有了发声的空间。届时,你将听到发自肺腑、润泽心田的鼓励,那感觉就像是有一位好友正在为你加油打气。

你要给予"信心激励者"同等的关注,让它认识到你的成就与优点。你也可以想象自己和"信心激励者"相对而坐,用心倾听它的话。当"自我批评家"出现时,尝试冷静观察,既不受其影响而懊恼自责,也不选择逃避,只有这样,"信心激励者"才更有可能出现,并向你伸出热情援助之手。

学会将心比心

把自己代入别人的位置，将心比心，是一种很强的本领。它可以帮助你跟他人建立联系，让你从狭隘的格局、消极的想法、仓促的判断中解脱出来。它可以让你体会到他人正在经历的痛苦，并消除你心中的不满情绪。它赋予你耐心、冷静与同情心，使你能妥善应对棘手的人际问题，并在他人情绪爆发之际保持镇定。

其实，这种方式对你大有裨益。因为只有将心比心，你才能变得大慈大悲，然后超脱于现实，以坦荡的胸怀，浩然的正气进行有效回应。反观职场，如果你能设身处地，站在不高兴的客户或同事的角度思考问题，也能缓和那些火药味十足的场面。

举个例子：如果有人让你心里很不痛快，不妨想象自己走进那个人的内心世界，用对方的眼睛、心灵去重新审视那件事。这样，你对对方的不快情绪就会被慢慢平复，同时摆脱狭隘与负面的思维方式，整个人也会变得更加松弛。

分清主次，要事第一

倘若你正在工作与生活之间艰难地"走钢丝"，那么每天你都会陷入困局。左边是工作，右边是家庭，中间是生活，三座大山，哪座都不容易。因此，明确轻重缓急，制定清晰而切实可行的计划，才是眼下的当务之急。为接下来的日子做计划时，不要总是把工作摆在第一位，而要根据生活中的各个方面，把所有任务进行分类：个人、工作、家庭以及娱乐。然后，找出每一类中，最紧急的那一项。

要想实现工作与生活的平衡，就不要把工作事项都排在第一位，而应在每一类中至少设定一项优先任务。这样，你就可以更好地平衡生活中的各个方面了。之后，你可以先从每一类中挑选出最优先的工作，而那些不太紧迫的则放在一边，或直接让别人去做。当你回顾自己完成的优先事项时，你就能确保自己生活的每个层面都照顾到了。

别把工作当作"挡箭牌"

我们中的很多人把工作看得比家庭还重要。尽管我们不肆意寻欢作乐、不虚掷光阴,不挥霍无度,但当家人最需要我们的时候,我们却常常缺席。

如果对个人生活不负责任,无论赚多少钱或工作多努力,都不能成为你的"挡箭牌"。而安于当"放养式"的父母或配偶,绝不是理所当然的事。如果你把家人当作工作的附属品,随意差遣摆布,那就说明你是个冷漠自私、傲慢无礼且不懂尊重的人。若想从过度工作的泥沼里走出来,就该好好审视自己的亲密关系:是否真正尊重家人,珍视他们的时间和情感?只有主动改掉这些问题,才能成为一个更有爱、更暖心的家人。

避开"决策疲劳"

研究显示，如果你在长时间高负荷工作后持续做各种决策，就会出现"决策疲劳"：大脑被严重透支，导致你在工作之外根本提不起劲来思考。换句话说，工作时做决策越多、耗时越长，大脑就越疲惫。结果，即便是诸如今天穿什么、去哪里吃饭、该花多少预算，以及工作任务的执行顺序这类看似简单的事情，都可能让人犹豫不决。

然而，现实并不会因你的疲惫而按下暂停键。家人和同事仍旧指望你拿主意。于是，你开始图省事，不仅在工作上"匆匆拍板"，而且还靠"狂炫"垃圾食品安抚疲惫的身心。你把家事的决定权悉数推给家人，遇到重大人生决策时，更是选择逃避。其实，你是能够改善这种状况的，就像让身体获得充足休息，然后每天充满元气那样，你的大脑也能如此。比如，快步走、小睡、冥想、拉伸、深呼吸、凝思自然、练瑜伽或者打太极。

给眼睛放个假

你很有可能已经习惯了每天都被"困"在办公桌前。但你知道吗？在没有窗户的小隔间，或是空气不流通的开放式办公环境里办公，会在无形中削弱你的工作表现。毫无疑问的是，野外活动可以让我们的身体和心灵都充满能量。**研究表明，在工作区域融入植物、自然光线或者蓝、绿、黄等自然色调，会有助于提高工作效率、激发创造力，并且有益于整体的心理健康。**

倘若你一时无法走到室外透气，那么可以检查一下自己的工位，看看是否存在你未曾留意的环境压力源。然后，**试着采取一些简单的措施，为眼睛创造休息的机会**。比如，如果办公室没有窗户的话，可以放几张自然风景照，摆几株绿植、桌上小瀑布（能发出潺潺水声的那种）、鱼缸或是微型生态箱。总之，就是要让大自然帮你静下来，把你从忙碌的工作中解脱出来。

忘掉童年的自己

"内卷"是否和童年成长经历有关？有，而且息息相关。我记得，第一次跟女性运动先锋格洛丽亚·斯泰纳姆（Gloria Steinem）对话时，我们俩都说，"感觉咱们早就认识"。尽管人生轨迹完全不同，但我们在内心深处却有着极其相似的感受：孤独、痛苦、失落、恐惧，以及偶尔的尴尬。正是这些相似的童年创伤把我们紧紧联系在一起。不仅如此，我们还双双自封为"卷王"，用日复一日的忙碌来抵御童年的种种阴影。

事实上，很多"卷王"都在不稳定的原生家庭里长大，被迫提前承担沉重的情感责任，而失去了无忧无虑的童年。如果你的童年也是这么度过的，那你可能从小就成了个少年老成的"小大人"，已经忘记了该如何玩耍。从那时起，稳定家庭成为你的使命，同时你会牢牢抓住一切可预见的、相对稳定的事物，那感觉就好比死死攥住了混乱中的一根救命稻草。

你或许习惯于从做家务或做作业中找到控制感，导致成年之后时刻紧绷着一根弦。毕竟，过去遭受了那么深的痛苦，怎能安然于当下呢？于是，你的大脑会自动地为快乐和安全寻求出路：疯狂工作，照顾他人。可当你开始踏上复原之路，你就会慢慢寻找到最优的平衡点，从而让事业成就与自我满足并行不悖。

保持积极的心态

当你被紧迫的工作期限压得喘不过气，或者工作负担沉重如山时，大脑往往会自动聚焦于各种"最坏的可能性"。你越想解除工作中的危机，就越容易受负面想法的羁绊，直至深陷其中。如果只是嘴上说"不再担心，只想开心"，其实只相当于停留在这种简单的自我安慰层面，并不足以体现积极心态在科学层面上所具有的强大力量。

积极心态可不是灌下一杯"神奇快乐水"、戴上"玫瑰色的眼镜"①，或者把脑袋埋进沙子里逃避现实这么简单。真正的积极心态，是用务实且富有建设性的方式去应对生活，不向生活屈服。积极心态能让你拓宽思路，摄取更多信息，并看到更多可能性。消极思维会让你只盯着"问题"不放；而换成积极的角度，你才能把注意力放在切实可行的解决方案上。

你可以试着练习在那些看似糟糕的局面里寻找一线生机，也可以养成放眼全局的习惯。当人生遭遇风暴时，找出一两件令你开心或者期待的事物。当然，你也可以多结交一些积极向上的人，让他们把好心态慢慢传染给你。

---

① 玫瑰色的眼镜（rose-colored glasses），心理学名词。其出处可以追溯至19世纪。当时，人们用染成粉红色的眼镜片，让整个世界看起来都是浪漫的玫瑰色。后来，人们便用"玫瑰色的眼镜"来形容把事情看得太乐观、太理想化。—— 译者注

认清自己

你对工作与生活平衡的看法,是如何解释给自己听的?有没有一些想法让你无法正视?你是否曾对某些经历加以粉饰、删改,甚至干脆否认?又有多少往事被你深藏或遗忘,直到它们悄无声息地浮出水面,驱使着你一次又一次地拼命投入工作?

就算从来没有和外人说过,你依然会用某种方式为自己的所作所为找借口。也许你会说:"我工作也没那么拼命啊""我努力工作纯粹是为了养家",或者"我干的就是这种工作,别无选择"。然而,这些说辞不是对现实的客观描述。因为在你的故事里,你往往通过特殊的叙事方式,把自己塑造得像个英雄,而那些质疑你的人则仿佛成了反派。你怎样讲故事,讲给谁听,讲多少遍,以及用什么角度去讲,都会对你的人生产生深远影响。因为你的故事也许会美化你,彰显你的成就,或者突出你面对难题时的从容表现。

在寻求工作与生活的平衡时,你可以学着从更准确、更客观的视角去看待问题。这就需要从你家人和同事那里得到更多的信息。然后,你会反思,自己究竟是在"甩锅",还是在勇敢地承担应有的那份责任。

接受自己的局限

当自我受害者倾向化、消极情绪和自怜自哀的心态逐渐发展成一种思维定式，许多人便会深陷"慢性"不幸的泥沼，比如失业、孤独、无聊或痛苦。那些仿佛"牢笼"的障碍，其实是过去的成见、恐惧和忧虑不断累积，在此刻反复上演的结果。

当你真正明白，阻碍你前进的并非外界的现实，而是你看待世界的狭隘视角时，一切都会开始变好。所以，怎样才能让自己不那么自怜自哀？又该如何转变心态，坦然面对并突破种种局限？

认可自己足够好

你是否曾停下脚步，对自己说"这样已经够好了"？或许在你看来，这不过是遥不可及的幻影。

就像海马一样，只是因为看不见自己所处的环境，就不停地寻找那片早已存在的海水，于是终其一生都在追逐本已拥有的东西。

你加班到节假日都不休息，错过孩子的活动，甚至彻夜赶工，只为证明自己"足够好"。可再怎么拼命，你依旧觉得没有什么能满足那个标准。这种挫败感让你陷入羞耻与自我否定的漩涡。为了摆脱这些糟糕的感受，你越发拼命，试图做到更好。

你真的想一辈子都这么过吗？如果你能平静下来，认真审视自己在做什么，又会发生什么改变？如果你放下那种"只有完成某项工作，才能让我感到足够好"的幻想，等待你的又会是什么？尝试着对自己多一些关怀，让这份温柔占据你的内心吧！请你相信"一切皆有可能，一切充满未知"，因为只有真正投身生活，你才能发现新的可能性。

"放下"的力量

"卷王匿名互助会"提出的第三步,强调放下执念去寻求外界的帮助。例如,一本好书的启发、一股超然之力的加持,或者一次谈话时的突然顿悟。通过这些简单行为,你放下了自身必须"全知全能"的执念,正视自身的局限性。此后,你会以更加豁达的心态,平等地对待周围的人和事。换句话说,你选择了把自我暂且放到一边。

当你学会放下对"内卷"习惯的掌控时,这份能力会渗透到你生活的方方面面。你会逐渐意识到,一味想要掌控他人和局面,只会让自己更焦虑、更挫败。而当你在工作、家庭、社交等各种场合里真正实践"放下"这件事时,反而会帮你跳脱出上瘾式的行为模式,建立更正向的人际互动,并填补内在的空虚。

本章心得

- 以"广角镜头"看待生活,找到那些被"变焦镜头"忽略的盲点。
- 与内心的"自我批评家"和解并试着去理解,它是如何试图保护你,让你免受生活意外的打击。
- 用"减压三件套"缓解决策疲劳:充分休息、健康饮食、定期锻炼。
- 别让自己总窝在办公椅上,把自然元素带进室内,感受大自然的疗愈力。
- 选择放下和释怀,并不意味着放弃或屈服,而是个人力量的体现。

me time

第四个月

开放与觉知：如何突破自我

若你渴望赢得他人敬重,关键在于珍视自我、自尊自重。

如此,方可令他人肃然起敬。

——费奥多尔·陀思妥耶夫斯基(Fyodor Dostoevsky)

拨开忙碌，看清自己

这一章，你将给"三观"来一场彻底的梳理。当你敞开心扉、自我审视时，你也许会突然发现，原来已经在日复一日的忙碌之中悄无声息地失去了自己。但是，不要急于"自责内耗"，而是要认清自我，辨别哪些特质可以为你赋能，哪些则会让你停滞。

然后，你就会发现，那些让你天天身体紧绷、无法放松的，既不是职场冲突，也不是家庭压力，更不是上司的否定，而是你自己！你的坏脾气、自大和爱评头论足的毛病，都将在你面前展露无遗，而你却能淡然一笑、大方面对，不再自我责备。

本章将带你以一种"开放"的心态，找到工作与生活的"最佳平衡点"，让身体、心灵和精神三位一体，共奏春日交响曲。你亦有机会一窥"同呼吸，共命运"的奇妙联系，锚定当下，提神增效。你将与这个不尽完美的世界和谐相处，并坦然接受生活给予你的一切；你会意识到，其实大部分事情都没那么"火烧眉毛"，很多时候，淡定一点反而更好；你将以豁达从容的心态，跟随生活的节拍恣意摇摆、同频共振，让自己更松弛自在，而不是一遍又一遍地催促自己。你也会重新注意到：一天只有二十四小时。

　　接下来，不妨问问自己，要采取哪些行动，去开启一路繁花的人生？是敞开心扉，倾听不同意见？是告别旧习惯，迎接新挑战？是改掉不良的工作习惯？是换个思路，让自己走出舒适区？还是跟老友常相聚，顺带扩充一下朋友圈？

正念呼吸，感受生命律动

有意识地去感知呼吸律动，就好像给自己安了一个"锚"，帮助你在此刻牢牢地扎下根来。**可以做一个五分钟的冥想练习：找个舒适的位置坐下，闭上眼睛。鼻吸口呼，把注意力放在每次的吸气与呼气上。跟随呼吸节奏，吸气时让肺部充盈，呼气时完全排空，如此循环往复。**

当你持续关注呼吸时，大脑十有八九会冒出各种消极念头：质疑自己方法对不对，想起之后要办的事情，思考这件事值不值得花时间。别和这些念头对抗，也不必试图驱散它们，让它们自然来去，敞开心扉全然接纳，然后轻轻地把注意力重新带回呼吸。

一旦发现自己走神（这是不可避免的），就重新将注意力拉回到呼吸上。这一刻，你不必牵挂其他事情，也无须被世间琐事困扰，只需专注于自己的一呼一吸。如果不慎被思绪洪流卷走了，那就轻轻抽离回来，再次体会呼吸的起伏。练上五分钟（或更久）后，睁开眼，你会惊讶地感到自己比之前更贴近当下。

物理"留白"

从物理角度来说，要想开启"开放"生活，不妨先从整理环境入手。 毕竟，平日工作已经够辛苦，要是居住环境杂乱无章，只会徒增烦恼。一大堆乱七八糟的东西堆积在一起，不仅会增加你的寻找难度，也会浪费你的宝贵时间，着实令人烦躁。当杂物堆积成山时，压力也会随之攀升。导致工作生活毫无头绪，效率愈发低下。

想象一下：结束了一天的工作后，你最不想看到的肯定是家里一团糟，提醒你还有多少活儿没干。所以，还是赶紧把眼前的杂物好好清理、归类，先让自己"视觉减压"吧。比如，确定什么是需要的，什么是不需要的。接下来，就是把需要的都整理好，至于那些不需要的，或者一年多都没用过的，果断丢掉、回收或捐出去。你还可以把纸质文件扫描存档，以免纸张塞得到处都是。同时申请电子凭证，把没用的快递、小票和传单通通丢掉。

其实，**外在的混乱往往意味着内心有些地方也被堵塞了，导致你在工作或创造过程中频频卡壳。当外在环境被清理干净时，心理层面往往也会发生相应的变化。** 你会觉察到，那些成见、纠缠和坏习惯通通都消失了，然后，灵感、理性和创意开始自然舒展。

警惕完美主义误区

完美主义与这个原本不完美的世界格格不入。如果你将完美当作唯一标准，无异于自我施压，就像持续遭受精神"pua"，偏执因子会逐渐渗透进血液，彻底阻断自然灵动的思想流动。

如果一味地追求完美，反而容易走火入魔，定下不切实际的目标，强迫自己付出太多，对错误过分苛刻。结果便是，你越来越看不到自己的优点，任何一个小瑕疵都会让你耿耿于怀。如此，你就会陷入"我不够好—我必须更完美—结果达不到—我不够好……"的恶性循环。

现在，是时候自我剖析了。世上哪有什么十全十美？没有人能做到事事完美。你可以给自己制定一个很高的标准，但是不要让它成为你的"绊脚石"，让你没完没了地加班、焦虑、疲惫，甚至搞垮你的身体。想一想，你可以做什么来适应这个"不完美"的世界呢？

火烧眉毛，纯粹幻觉

人生没有那么多"火烧眉毛"的事情。你的"紧迫感"并不是工作或生活本身产生的，多半是你不能放松心态造成的。 你不会等待压力来袭，反而会"享受"那股强烈刺激，不断给自己打鸡血，拼命赶工。当事情稍有耽搁，你就会焦虑。你排满行程，与时间赛跑，最后却又责怪自己当初不该许下那么多诺言。

问题在于，压力比你强大得多，它享受激烈较量，而且从来没有失败过。因此，如果你继续对自己施加压力，那么你的身体、心灵与精神都会受损。长此以往，你会变得越来越疲惫，大脑就像弹弓一样，不断往你的血液里打入应激激素，令你的胸口起伏、心率飙升、血压升高、呼吸加快、肌肉紧绷，好像随时要打仗一样。大脑会告诉你的身体："在威胁解除之前，需要时刻保持警惕。"

压力让你误以为，万事都要一秒钟内解决。但何必呢？与其与时间赛跑，不如给自己按下"暂停键"。记住，那些让你焦头烂额的"紧急感"是你自己制造的，既然如此，你同样能够让它消失。

"过劳死"并非危言耸听

在日本，每年有大概一万名工人因为每周工作六十至七十小时而猝死，这也迫使日本人发明了一个词"karoshi"，也就是我们常说的"过劳死"。长期熬夜加班，或是碰上棘手的项目，原本身体健康的上班族，也会突发中风或心脏病，一头倒在工位上。在日本，不少年龄在四十岁至五十岁的上班族就这么走了，所以有人将日本职场称作"杀戮场"。在印度，"内卷"又被称为"慢性毒药"，侵蚀着人们的健康。

尽管英文中没有与"过劳死"直接对应的词汇，但几十年来，美国职场上也不乏因过度加班而猝死的新闻。研究显示，每周工作五十五小时的人，与每周工作时间少于四十小时的人相比，患上中风的可能性要高出三分之一。

你可以先审视一下：你的工作时长和加班频率到底如何？下班后是否有时间让大脑和身体"回血"？有没有培养兴趣爱好、开展休闲活动，或借助冥想等方式排解压力、恢复精力？

练习"无所事事"

对于正在努力戒掉"内卷"的人来说,有个心法:"不要只是去做,坐着就好。"我猜听到这话的你可能会翻个白眼,看一眼那长长的待办清单,心想:"这人是不是中邪了?"

我明白,"什么都不做"听起来太不现实了。可一旦你放慢节奏,静下心欣赏花开花落、云卷云舒,你就会开始经历戒断反应——坐立不安,烦躁易怒,甚至可能对周围的人发脾气。在这种情况下,似乎只有一个办法,那就是起身去找些事情做。但事实上,"无所事事"才是一剂良药。它能让你的身心得以度过那段难受的"戒断期",直到你越过那道坎,找到更平和的状态。在那段看似百无聊赖、毫无意义的时光里,你内在某些刚刚萌芽的想法或情感,才终于有机会破土而出。这就是意大利人口中的 il dolce far niente——"无所事事的快乐"。它就像一首美妙的乐曲中不可或缺的停顿——要是没有停顿,音乐就只能是噪音。事实上,正是因为"无所事事"的存在,你的工作灵感才会慢慢浮出水面,你对亲友的感情才能重新回温。

告别"思维噪音"

"卷王"常常会陷入源源不断的负面思维,而这些负面思维,恰恰成了他们"内卷"的内在驱动力。只要你相信自己脑海里的那些噪音,它们便会成为你的"现实"。假设你觉得自己"不配、不值得被爱、很丑",即使别人并不这样看你,对你而言,这一印象也在脑海里成了真理。

如果你和大多数人一样,你就会被自己的直觉左右(时准时不准),而不去根据客观事实行事。阿尔伯特·爱因斯坦(Albert Einstein)把这种行为称作"意识的视觉幻象"。

当脑海中各种念头不断涌现时,不妨把它们当作云彩一样去观察,而不必非要对它们指指点点,或者认定它们是"千真万确"的。用一种更平静客观的眼光去审视,你会意识到,正是那堆"思维噪音"在给你制造困扰。有了这样的正念意识,我们就能避免盲目相信一切想法,从而减少错误认知带来的痛苦。

切莫逃避，勇敢面对

这件事确实不轻松，也会很混乱，但同样会带来解脱感。不过，话说回来，你有勇气去直面家庭或工作上的冲突吗？大多数人其实都是害怕冲突的，所以干脆躲进工作堆里，用忙碌来逃避。然而，这只是暂时的缓解，矛盾还在潜伏，迟早有一天会爆发。

因为怕对方生气就选择逃避，只会让人感觉你在掩饰什么。更惨的是，你不仅要处理当初没解决的矛盾，还要应对别人对你"不够坦诚"的怀疑。

回避冲突就像在局势紧张时"一走了之"，长此以往，你会丧失升职机会、错过深化亲密关系的契机，也难以修炼出更强大的心理韧性。想要真正活得坦荡，你就得把内心的平和放在回避之前，深吸一口气，鼓起勇气，坦然面对。你会发现，最害怕的那道关，恰恰就是能让你获得解脱的那道门槛。

打破常规，拥抱"大冒险"

你的生活是否完全被日常琐事牵着走？可曾试过暂时抛开这些庸常生活，来一次大冒险，换来一次改变自己命运的机会，比如高回报的投资、深厚的友谊、精彩刺激的经历？

当然，人活着需要一定的规则、节奏和行程表，才能使生活井然有序。但是问题在于，如果你完全按照这本"指南手册"生活，会有多少美好的经历和人际关系被挡在门外？很多时候，我们刻意让工作和生活泾渭分明，是因为害怕未知带来的不确定感，需要稳定和安全。久而久之，你总光顾那家老餐厅，牢牢抱住同一份工作、同一个圈子，用一成不变的起居作息过日子。这些虽然熟悉，却也限制了你的视野。

想要打破这个无趣的循环，不妨先从生活的某个方面入手，引入一点新鲜感。**哪怕只是一条不同的回家路线、换家餐厅、在经营关系时多些新尝试，都能让你从惯性的枷锁里挣脱**。与此同时，你也可以学着对不同意见持开放态度，因为别人的思路与方式虽然和你不一样，却同样具有价值。也许，那些你一直忽视或回避的事情，正是让你跳脱单调、找到平衡与宁静的关键。

放手去闯

站在高处看人生，会发现什么？是对明天"牛马生活"的恐惧，还是对"前方挑战颇具吸引力"的兴奋？你会把时间花在埋头于报纸上或手机里，还是会对周围的人多些好奇，认真和他们对话？你会对所爱之人发脾气，还是能够接纳他们身上人类共有的"不完美"，并克制改变他人的冲动？

很多时候，你觉得自己"见多识广，这辈子也没啥新鲜的了"，其实不过是你的思维惯性在作祟，而你可以随时改变它。事实上，只要换个角度看待日常，你就能改写这种"苦熬日子"的状态。当你以开放的心态、把每一天都当成第一次去体验时，往往会迸发出奇妙的火花。生活会闪现光彩，你的视野也将焕然一新。你会重新爱上自己，并且发现生活比你想象的还要令你满意。与此同时，你对身边的人，包括那些曾被忽略、习以为常的人，都会萌生怜惜与关爱。哪怕是同事，哪怕是工作，也能赢得你由衷的尊重。在以后的每一天，你都将学会把它当作一首歌去吟唱，当作一次冒险去探索，而不是疲于奔命地煎熬过去。

别再"必须"个不停

那些超额完成任务的人，十有八九，都患上了心理学家阿尔伯特·埃利斯（Albert Ellis）所说的"必须强迫症"。这类人往往会向他人的要求、世俗的压力，以及内心消极的自我对话妥协。一旦深受"必须强迫症"的困扰，你的工作和个人生活就会被诸如"应该、应当、必须，不得不"等命令式词汇束缚。

"我必须签下那个大单""我一定要当上主管""我的家人非听我的不可""所有人都得站我这边""生活就该容易点儿"……这些自我设定的强制性规则会大大影响你的心态、情绪与行动。一旦这些"必须"遭遇现实冲突，就会滋生沮丧、愤怒和抑郁，并让你不由自主地更加拼命，结果越想控制一切，现实就越不买账。

内心的"自我对话"究竟是在激励自己，还是在打压自己？当有意识地进行这种反思时，你便能逐渐用温和、鼓舞的话替代那些严苛的自我批评。比如，"我会尽我所能地赢得那个合同""尽管生活时有波折，但我能迎难而上"。当你把命令式思维换成赋能式措辞时，你会发现，自己更能掌控局势，也更舒畅恣意。

推翻心中"暴君"

如果你是那种执行力特别强的人,那么你的内心就会藏着一个"暴君"。它一直在挑你的毛病,不断地逼迫你前进,让你觉得自己怎么做都不够好。"卷王"对付它的方法就是"接着忙下去",却浑然不知这只会让事情变得更糟,于是工作上瘾的恶性循环就此开启。可想而知,这并不是出路。

真正该做的,是学会对自己宽厚一些,用温柔化解自我评判。有研究证实,鼓励和自我支持能带来极大的积极转变。学会自我关怀之后,我们就能积累更多情绪弹药,既能把工作做好,也能维持身心平衡。

秉持慈悲之心,就可以避免走到自我责罚的地步。具有"松弛感"的员工,可以坦然承认自己的错误,而不会因此自责。你属于哪一种?当那个"暴君"在你最落魄时踢你一脚时,你要做的就是唤起自己的善良与同情心,鼓励自己站起来、拍拍灰尘,继续前行。一边重新上马,一边原谅并支持自己,这才是正确的态度。

"装"出你想要的工作状态

你是不是工作多到麻木,以至于在情感场合不知道该怎么表达感受?你是不是明明想要更亲近他人,却根本不知如何下手?其实好多人在疯狂加班的过程中,都在某个时刻卡住了。好消息是,"十二步康复计划"中广为人知的一句术语——"假装已经如此"(acting as if),或许能帮你度过情感麻木期。

所谓"假装已经如此",是一个既简单又强大的方法:你可以通过假装已经如此来创造某种外部情境。你先表现出某种状态,假装你的感受真是如此,然后你的感受就会随之变得真实。打个比方,你对某人心存不满,但又想学会"宽容",那就先尝试"装"出对他人宽容的样子,时间长了,也许就真的会放下芥蒂。或者,你对同事升职有点嫉妒,但若想真心为他人高兴,就先"装"出一副"开心祝贺"的样子,说不定你会真的开心起来。再或者,你对一个很难实现的截止日期感到担忧,但告诉自己"这不算啥,我能搞定",并充满热情地干下去,说不定你会惊讶于这项任务竟真的变得简单了。

化"忧"为"友"

忧虑就像侦察军一样,老早就跑到你前面去打探,一遇到什么重要场合就蹲在那里,随时准备拉响警报。它像一块大石头压在你的心口上,让你喘不上气。哪怕事情进展顺利,你也在等着"出事"。无论顺境或逆境,持续不断地焦虑,会让你时时刻刻都处于担忧之中,身心俱疲。

如果你把忧虑当作敌人,拼了命想消灭它,你就会陷入与自己对立的局面,只会加剧挫败感、紧张和混乱。实际上,应对忧虑的最好方法,是跟它"交朋友":既然它想保护你,提醒你前方有风险,那你就不需要把它当成扰乱你生活的破坏者。你越是把忧虑看成一个"好意提醒"的角色,而不是洪水猛兽,它就越不会过度纠缠你,你也就越能拥有更多放松的时光。

接受命运的打击

一场重大变故,可能会动摇你对生活的理解,甚至可能会让你重新审视自身的定位。但关键在于,洞悉生活本质后,如何去面对。

我曾听过两个故事,第一个是一位女士因一项盈利可观的商业投资而瞬间暴富。面对这突如其来的、流星般迅速的成功,她变得"有钱有闲",提早过上退休生活。然而待一切尘埃落定,生活回归平常,这位女士表示自己并不比暴富前更快乐。

第二个故事与一位感染艾滋病毒的男士有关。他先是无法接受,如遭五雷轰顶,花了整整一年才缓过劲来,但是,他也因此第一次认真探索灵性,结果意外地发现,自己的人生发生了积极转变。伴随灵性探索的渐渐深入,他把每一天都过得更有意义,甚至觉得比染病前还要快乐。

物质上的财富,比如房子、车子或者金钱,往往能带来一时的高峰体验,但不久后就会回归平淡。尽管悲剧或损失可能会让你暂时跌至低谷,但最终你的情绪还是会逐渐回升。人生有起有落,重点是你要从这些"地动山摇"的经历里学到些什么。无论痛苦或艰难,只要以开放的姿态去拥抱,你便能把它们变为成长的契机。

柔性管理，新篇开启

职场中，那些做事雷厉风行、直来直去的"铁腕型"管理者通常将"能干就干，不干就走"的管理哲学当作自己的行事准则。就像酗酒的人渴望"酒友"，"卷王"也更想找跟自己一样昼夜苦干、步调飞快的"工作搭子"。工作时，他们对"慢吞吞"的人不屑一顾，往往用压力和威慑来抵御内心的不安。他们会暗戳戳地打压，而非鼓励和支持同事或下属，以巩固自己的权威。

若你是这种"卷王"式的老板，你的手下很容易出现士气低落、倦怠不堪的现象。你一味地催赶部署，压得他们喘不过气，还对他们的情绪需求不闻不问。

其实，许多企业早已意识到，"人性化"的工作环境才是最健康的，也能真正让员工成长。如果你能用健康的方式引领团队，通过适度"推动力"而非强制来激励员工，那么公司将会收获更具创意的产出、更高的营收，以及更平衡的员工队伍。

检查你的"传染信号"

"内卷"不会直接传染给他人,但它带来的负面效应却会波及与你共同生活的人。调查显示,"卷王"的孩子往往更容易抑郁、焦虑,还会认为外在环境主宰了自己的人生。他们把这种心理阴影一直带到成年,在做决定时习惯依赖他人,还容易出现强迫行为,缺乏自信,并比一般人更可能遭受更深的焦虑和抑郁影响。

许多孩子在这样的家庭氛围中长大,接收到的信息是:父母只关注他们的"成绩",而非自身存在的价值。他们若无法达到父母的高标准,就会把失败归咎于自己,日后甚至也会成为"卷王"。

到了人生终点,没有人会希望自己当初花更多时间疯狂加班,却错失陪伴家人的机会。毕竟,无法确保你明天还有机会弥补。或许,你该试着在当下就行动起来,比如跟孩子们约个饭、一起散步谈心、一起参与活动,修复早先的裂痕。倾听他们的感受,关心他们的现状,让他们知道你有多重视他们。

给自己装一个"减压阀"

如果你能借工作压力反向推动"工作与生活平衡",那会怎样?如果你要求自己花在亲人身上的时间与工作时间相当,又会怎样?如果公司领导要求你每次节假日打电话或查邮件之后,都要花同等时长补休,会怎么样?如果企业要求你在完成若干销售业绩的同时,必须相应地参加线下冥想课程,又会怎样?如果公司硬性规定你度假时不能继续工作,会怎么样?如果你对家人聚餐、纪念日、家庭聚会的重视程度,就像面对截止日期一样,又会怎样?要是你像准时上班那样,也敦促自己准时去参加孩子的活动,会怎么样?要是你排满的会议日程里也能挪出同等数量的"快乐时段"给家人和朋友,又会怎样?

想象一下,如果这样做,你的头痛、肠胃问题或胸闷等症状都会减少。你将有更多喜悦、更少焦虑,更多平和、更少压力,过得更从容,也更轻松。如果你试着放慢脚步,去享受当下,又会是怎样一幅美好画面?

善待地球

趁这个机会，好好想想，在你所处的小角落里，怎样让这个世界充满爱与欢乐？

现在，是时候考虑修正自身，善待全人类赖以生存的唯一家园了。扪心自问，你能做些什么来让地球更环保，为后代留下一个美丽的家园？是减少碳足迹、注重回收利用、无纸化办公，还是在忙碌的工作中，脚步轻盈些，行动从容些，以更平和的脚步行走在这颗蔚蓝的星球上？当你的思绪游离于过去或未来时，不妨把它拉回来专注于当下，通过自己的行动来为全人类的和平与幸福做出贡献。

曾在太空停留最久的美国女航天员佩吉·惠特森（Peggy Whitson）从太空俯瞰整个地球时，深情感慨道："我们应该更加努力，让地球成为一体，让人类成为一家。"那么，在四月二十二日地球日这天，不妨问问自己，你可以为工作与生活的平衡做些什么。要知道，你每放慢一步、增加一点快乐，都在为这颗星球的平衡贡献力量。

别被对方的"恶意"拉低

当同事或上司在背后算计你时,你会怎样回应?如果你为了一时之快而怀恨在心,就相当于自己喝下毒药,却希望毒死的是对方。长期陷入怨恨情绪,只会让负面效应反噬自身。愤怒与伤痛会成为工作日的主基调,不仅消耗你的精力,还会催生诸多消极想法。

无论是喜欢背刺的同事、疑神疑鬼的老板,还是好管闲事的亲戚,关键在于你如何回应。那些让你暴跳如雷的人,本质上正在"操控"你的情绪。你可以让他们左右你的心情,也可以选择聚焦于自我幸福。当对方以低劣手段破坏气氛时,你仍能保持冷静克制,从而在职场、社交与家庭中做到张弛有度、应对自如。

保持"边界感"

当"卷王"的配偶与孩子表露不满时,常引发外界困惑。对此,专家学者或临床医生常常建议家属调整生活节奏以适应其工作模式,甚至一些专家建议家庭成员要与"卷王"保持一致的作息习惯,参与到"成瘾"中去,比如把孩子带到工作地点,并做好长时间独处的心理准备。

可是在心理健康领域,我们更强调"健康的边界",而不是模糊地把一切揉在一起,导致家庭功能失调。有研究指出,"弹性工作边界"有时会变成"毫无边界",光是"下班后要查邮件"这一预期,就足以危害健康。

带孩子去公司转转,让他们知道父母不在家时都在做什么,这并无不可。但是,如果家庭成员经常性地被卷入"工作圈",就等于让工作成为家庭生活的中心,无形中侵占了家人的生活空间。硅谷或许吹捧这种"对工作全身心奉献"的模式,但这一现象恰恰说明,大公司对"内卷"行为的纵容,正在冲击家庭的稳定,破坏健康的家庭关系。

当你尝试走出工作的状态,你会更清楚地分辨"模糊不清"与"界限分明"。工作只是生活的一部分,绝非全部。若你能成功做到不让工作侵蚀和家人相处的时间,那么你就已经迈出了难能可贵的一步。

放手也是本事

如果你很难把项目交给别人去做，你可以学习"委派"的艺术，让自己在工作中发挥最佳水准。对"卷王"来说，"学会放手"往往是个难关，因为他们总害怕自己会失去对结果的掌控。即使把任务分配给下属，他们也忍不住事事亲自盯，生怕别人做不好；久而久之，宁肯自己没日没夜地干，也不愿承担同事出"馊主意"的风险。

其实，你需要重新定义"委派"的意义。委派任务并不意味着"甩锅"或"示弱"，也不代表要牺牲项目质量。相反，它是一个自我成长的机会，让你成为一个富有创意的合作者和优秀的团队成员。你学着放手，就是在鼓励他人发挥自己的才干。最终，通过共享工作负担，你也能解放自己。

拥抱未知

拥抱未知，乍一听似乎有些强人所难。但生活就是充满意外。如果你坚决排斥它，就会陷入恐惧之中。拼命想把一切都钉死，结果只会让局势更加紧张。

例如，为了说服老板采纳你的建议，你在情绪与想法上会过于依赖结果；要是老板没按你设想的来，你便倍感失落，甚至怨恨。你把精力全押在了这些你无法左右的事上，而不是只做好自己分内的事，然后坦然迎接未知。

事实上，唯一可以"肯定"的就是生活总会带来"不确定"。若能先接受这一点，你会发现自己内心更加平和。正如作家埃克哈特·托利（Eckhart Tolle）所言："如果你能完全接纳不确定，它就会化作更充沛的生命力、警觉性以及创造力。"

回想一下，你是否曾因抗拒一个不确定的情况而身体紧绷？当你完全把它放下，你就能挣脱焦虑的束缚，以更为平静的心态、更为清晰的思维，去拥抱周围的世界。

让友谊"双向奔赴"

友谊其实是你内在安全感的一面镜子。只有对自己足够放心时,你才敢让朋友看见没有伪装的你;而当对方也向你展示他们的所有优缺点时,你便也能无条件地接纳他们。这就是一段双向奔赴的友谊。

想想看,你身边有没有这样一位能让你毫无保留的朋友?如果没有的话,就需要自己先做出努力。你必须愿意袒露让你焦虑、害怕或脆弱的部分,甚至讨论平时不敢开口的事情,唯有如此,才能收获真正推心置腹的友情。

直面生活的伤痛,培养生命的韧性

生而为人,没有例外。每个人都或多或少地被生活伤害过。但正是这些伤痕让你变得更加强大。从古至今,不管是哲学家、小说家,还是词曲作家,都在说这么一句话:那些杀不死你的,终将使你变得更强大。

当你正在苦苦煎熬时,或许最不想听到别人说"痛苦让人成长"。但和大多数人一样,我们心灵深处都刻着伤痕。正是这些伤痛,激发出我们内心的坚韧,催生出拼搏奋进的动力。每次跌倒后再次爬起,你就又成长了一分。

不妨换个思路,把消极经历转化为积极体验,把失败转化为成功,把挫折转化为前进的动力。这样,你会发现,在你"破碎之处"蕴含的力量,远比摆在面前的挑战更强大。唯有把破碎视为人生的一部分,你才算完整。正如大屠杀幸存者、心理学家维克多·弗兰克尔(Viktor Frankl)所说:"当人能全然接纳命运赋予的境遇(包括苦难本身),即便身处至暗时刻,也足以使其生命获得更深层的意义。"

勇敢面对自我

"卷王匿名互助会"的第四步,建议做一次"彻底而无畏的道德盘点"。通过这样的自我检视,你可以锁定自己的强项与不足,了解哪些特质能促进成长,哪些会阻碍自己乃至他人的进步。

或许,你发现自己一直不能把工作任务放心地交给同事或下属,虽然明知他们可能做得跟你一样好,甚至更好。或许,你发现自己定下的要求实在高得离谱,对同事、家人、伙伴都太苛刻。又或许,你承认自己对节奏和想法都和你不同的人缺乏耐心,一旦他们不按照你的方式做事,你就态度僵硬。问问自己:"面对未知的将来或职业结果,我是否还能抱有开放的态度?"还是抱着胳膊,一副"我已经决定了"的姿态?想想自己曾拒绝过哪些观点、体验或潜在的友谊,然后问问自己:"我还能在哪些地方更加'打开'自己,让我的人生更丰富、更充盈?"

本章心得

- 复盘目前的工作和生活状态，看看哪些优势在赋能你，哪些弱势在困囿你。
- 练习正念呼吸，让自己锚定当下。
- 记住，没那么多"火烧眉毛"的事，试着让目标和任务与生活节奏保持一致，而不要强迫生活按照你的计划行事。
- 偶尔练习"无所事事"的艺术。
- 学会放手，把工作交给其他人。
- 跟内心的焦虑与"暴君"和解。
- 不要盲目相信自己所有的想法。

第五个月

正视失误：如何在反思中成长

想要全面成长，

需要主动寻找能让你绽放的挑战，

而非困于只会让你在原地枯萎的安稳环境。

承认被自己"搞砸"了

这一章将帮你培养诚实正直的品格,从而为你铺就通往成功的道路。研究表明,若你保持"成长型思维"模式,将困难、错误和挑战当作学习的必经之路,而不是失败,那么你将更有可能激发自身潜能,变得更聪明、更成功、更快乐。

如果给个人成长之旅画条轨迹的话,你会发现它更像一个向上攀升的"之"字,而非一条笔直上升的直线。只要你愿意正视挫折,并从中反思改进,它便能化作你成长历程中的一部分。可问题是,你的自我认同,全都捆绑在要事事力求尽善尽美、无所不能之上。也许,你会大方承认自己被耶鲁录取,却隐瞒了被哈佛拒之门外的事实。你不能容忍别人看出你的失误,所以就本能地回避它。一旦犯了错,要么拼命掩饰,要么装作什么事都没有发生过。如果被人指出来,你会立刻摆出防御姿态,不是矢口否认,就是百般狡辩。如此一来,你的诚信与正直就会岌岌可危,而隐瞒错误所带来的后果,往往比错误本身还要糟糕。

本章将培养你在"搞砸"之后依然能从容应对、建立自信的能力。但是,在这一过程中,最关键的一步是，承认自己的错误。在这一章中，你将有机会直面"否认""自欺"与"合理化行为"，为个人成长注入更多活力。若你选择隐藏或否认，其实是在为未来埋下另一颗"地雷"。从短期来看，瞒住错误、假装它不存在似乎更轻松，可一旦你勇敢地让自己"示弱"，把所有错误向他人和盘托出（例如，因不良工作习惯而怠慢或伤害了哪些人，或者因否认现实而背离了真相与正直），问题反而会迎刃而解，让你不再牵绊于心。于是，你将成功卸下羞耻、自我厌恶和孤独的沉重负担，用一种全新的方式行动，改掉"内卷"的习惯，让生活变得愈发充实，趋向圆满。

当你坦然接受"人孰无过"这个事实时，你就会对人生有新的认识。你会发掘出能让你在工作上更具韧性、在人际关系中更亲密，并在工作与生活间实现更好融合的简单方法。你会寻得应对工作压力的诀窍，改掉诸如"工作节奏失衡"和"久坐不动"等不良习惯。同时，你也会学着在高强度的工作之余，优先关注自己、反思内心，寻求更加安全、更有意义的社交方式。这样一来，你将从工作中获得更多乐趣，也会找到既"诚实"又"高效"地完成任务的途径。更重要的是，你能让工作回归它应有的位置，给自己、亲友和娱乐多留些宝贵时间。你会继续承担犯错的风险，承认那些被"搞砸"的本质，并将之视作自我成长的契机。

学习诵唱

早在几千年前,世界各地的人们就开始了"诵唱"这项修行。无论是美洲原住民还是吟唱格列高利圣咏[1]的修道士,都一致认为诵唱是一种放松身心、舒缓压力的有效途径。在我尝试过的众多精神修炼中,诵唱是最能让人收获平静与愉悦的。

诵唱,其实是通过呼吸和发声,让身心在富有创造力的体验中达成"合一"。虽然诵唱的方式多种多样,但是最常见的还是反复吟诵"唵"(Om)。在印度教传统里,音节"Om"被视为蕴含于每一个词汇里的宇宙震动。此外,市面上还有很多关于诵唱的CD唱片可以跟唱。

刚开始练习时,建议以五到十分钟为宜,然后逐步把时间拉长到二十到三十分钟。你需要找个安静、舒适的地方,深吸一口气,让自己放松下来。双眼可闭可睁,也可以保持半睁状态。你可以出声吟唱,也可以默诵在心。配合平稳的呼吸节奏,每次呼气时,缓慢而有节奏地

---

[1] 中世纪欧洲天主教会的一种单声部、无伴奏的宗教音乐,传说由教皇格列高利一世整理推广,故得名"格列高利圣咏"。

发出"Om"的声音。不必每次呼气都发声,你可以先唱"Om",然后正常呼吸一两下后再继续。试着让声音从丹田处升起,然后一点点随着呼吸上行,直到鼻腔也感受到那股震动的回响。

动起来！

不得不说，运动是一件很"要命"的事情。但如果不运动，后果是什么呢？数据显示，大多数美国人每天有十个小时要么坐在车里、要么伏案工作、要么盯着屏幕。而人体本就不适合长时间久坐。久坐不动不仅会缩短寿命，还会使死于心血管疾病的风险增加 80%。

专家表明，定期运动能增强抗压能力，促进全身的血液循环、增加氧气供给，还可以降低血压，提升身体和心理的整体健康水平。当你开始动起来，身体的紧绷和心里的焦虑往往会逐渐消散，此前那些左思右想都没头绪的问题，也可能会随之迎刃而解。所以，如果你能从懒人沙发上站起来，就可以再多活十年。至于选择哪种运动方式，其实都没有太大的关系，只要能够坚持下去就行。无论是简单的拉伸、散步、跑步，还是做园艺，只要你不再窝在沙发里，就已经迈出了健康的一步。

减少加班，适度工作

大多数打工族或多或少都会遭遇工作压力。不过，对于"卷王"来说，工作压力无异于一种"双重打击"，因为他们对待工作的方式本身就是超负荷的。

研究发现，工作压力会让人心生怨气，从而导致工作效率降低。如果你每天耗在工位上的时间比同事长，那么你就更容易焦虑、抑郁和倦怠，而且出现各种健康问题的可能性比那些缩短工时的人要高出整整一倍。

为降低健康风险，你可以考虑减少加班时间，并**遵循"高效工作，而非长时劳作"的准则**。你也可以把工作场所当作奥运赛场，毕竟要想在职场上保持战斗力，身体和心理都得保持良好状态。均衡的营养、定期的运动和充足的睡眠，都可以为工作日注入满满活力，提升你的工作耐力。

智慧应对压力

没抢到餐厅里最好的位子,真的那么重要吗?棒球赛的前五分钟没看,又有什么关系呢?或许,真没什么大不了的。但当你习惯了压力,它就会变成你的"第二天性",以至于你可能都没意识到,自己正在为这些鸡毛蒜皮的小事心烦不已!

还有一种"好压力",又叫"良性压力":它能激发你的动力,让你热血沸腾,帮助你在挑战中越挫越勇、茁壮成长。正是这份"好压力"成就了"梅姨"梅丽尔·斯特里普(Meryl Streep)的奥斯卡之路,也让"飞鱼"迈克尔·菲尔普斯(Michael Phelps)和"翻盘小子"汤姆·布拉迪(Tom Brady)不断刷新纪录。因此,适度的良性压力会带给你刺激与振奋,这是件好事。如果能够向神经系统"通报"你面对的是何种压力,你会发现,绝大多数时候,情况并没想象得那么糟糕。

别怕"万一"

大多数人都被旧日创伤的阴影笼罩，以至于对未来充满莫名的恐惧。你可能还会本能地感到恶心、胸口憋闷，大脑里满是问号，冒出一堆"万一……怎么办"的疑虑。这些纠缠不休的念头不仅让你无心享受当下，还会让你沉溺于对未来的无尽担忧之中。其实，"万一……"就是一种灾难式的思考方式，它会不断地重复过去的恐惧。然而，绝大部分的"万一"并不会真的发生。只是问得多了，这些想法变成习惯，你也开始依赖它们来保持警惕，好像这样就能控制那些不可预知的未来一样。但越是在脑海里翻来覆去想"万一……怎么办"，就越容易把问题无限放大，最终你应对的只是放大版的恐惧，而不是真正的问题本身。

如果你能甩掉对"万一"的纠结，就能避免很多"空焦虑"，也能把时间用在更多有意义的事情上。等到有了确凿证据之后，你往往会发现"事实是什么"和"万一会怎样"完全是两个概念。

要勇敢

有时候，当工作压力接踵而至，你或许会犹豫不决，不知该何去何从。但是，只要肯"敞开自己"，你就会愿意接受各种挑战，也会想着去改掉那些行不通的老毛病。就算你现在还不清楚具体会发生什么，也要选择放弃对"控制"和"完美"的无谓执着，不要强迫自己总是忙忙碌碌，而是要学会倾听与观察。当你真正放下了那些"内卷"的习惯，才能敞开心怀，让某种"超然之力"引导着你，收获内心的充盈与安宁。

不妨尝试这个练习：闭上眼睛，沉浸在自己的内心世界里。敞开心扉，想象自己张开双臂，并愿意接受生活带来的一切，无论是阳光明媚，还是暴雨倾盆。归根结底，你要坚信自己内心蕴藏着足够的勇气，可以应对人生的所有变化和起伏。

换个视角,拉远看看

你是用"变焦镜头"还是"广角镜头"来记录生活的?如果只盯住一个点不放,难题和挫折就会被无限放大。而当你切换到"广角镜头",视野就会瞬间开阔,灵感也会如泉涌般涌现。

不妨先回想你最近对自己或生活产生的一个抱怨。比如,你嫌自己的基金回报率不够高。再比如,你担心必须再熬好几个晚上才能赶完工作。当识别出这个抱怨后,试着把它放到更大的视野中去思考:在更广阔的生活维度里,这个问题是否真的如此严重?通常情况下,一旦你把抱怨置于更宏观的背景中,它也就没那么刺眼了。

左右你"不满与否"的关键不是现实生活的处境,而是你给自己配的那个"镜头"。假如你能从多种角度看待某种处境,你的思路就会变得更加清晰,痛苦和困扰也会随之消散,而内心拥有的那份宁静会让当下的处境显得微不足道。

别让通信压力"遥控"你

所谓"通信压力",是指一收到与工作有关的信息,就迫不及待地想要回复的状态。每次手机一响,你大概都会条件反射地去看、去回,因为这种即时反应既会激活你的应激反应,又能带来一丝"多巴胺的快感"。可是,这种习惯不但容易导致睡眠质量下降,还会加剧倦怠,直至不得不频繁请病假。

为了避免被职场通信压力"遥控",你可以尝试在休息时间或下班后,把电子设备调至静音模式。别让那如同"红色警报"般刺耳的铃声打扰了你宝贵的私人时间。为家人和朋友设置专属铃声,便于过滤来电。另外,**把手机和平板都放在家中的固定区域,别让它们无所不在**。当然,你还可以适当减少即时通讯的频率,以免给他人留下你七天二十四小时都在随时待命的印象。

别让休假比上班还累

在美国，仅有 57% 的人能休完带薪假期。你可能属于这样的人：要么在休假时仍带着一大堆工作，要么干脆放弃休假，因为觉得休假前后都要忙得不可开交，得不偿失。但事实上，休假着实很有必要。

休假的意义在于让身心得以休憩，重燃对生活的热情。而在工作与生活间设定边界是关键——在旅途中尽量减少与办公室的联系，这比整天惦记着堆积的工作要省心得多。

从现在起，彻底休完你的假期吧！休假期间，不妨为自己制定一个小规则（例如，每天仅花一小时处理邮件或接电话）。记住，别在出发前的最后一刻还拼命赶工，也别刚下飞机就马不停蹄地投入工作。最好在出发前和返程后各预留一天时间，给自己一个缓冲，让假期的收获能真正在工作中发挥作用。

如何与"负能量老板"周旋

研究显示,一旦与上司发生矛盾,心脏和血压都会受到影响,而这通常是因为脑子里在不断"复盘"那段冲突。如果你被上司训斥了一顿,那么这种消极情绪往往会在下班后持续影响你的心情。

虽然上司确实能决定你的工作内容,但并不代表他/她就能掌控你的人生。下次遇到糟糕的状况,你可以选择主动应对,而不是被动地陷入情绪化反应——后者不过是"受威胁时的本能反射",而前者意味着你在有意识地主导自己的生活。当你主动出击时,你便会意识到自身拥有的能量远非职场挑战所能左右。

不要等着公司划定你的责任范围。你完全可以自行评估工作,然后给自己一个答案:你能接受什么程度的不合理要求?下次和老板起冲突时,你是继续被动回避,还是主动沟通?

累积你的"积极心态"

如果你能经常保持积极心态并使其逐渐累积,消极思维便会烟消云散。这就是科学家们所说的"拓展和建构效应"。如果你想减轻工作压力、应对职场挑战、让生活更平衡,以下是一些你可以用来增加积极心态的小贴士:

- 产生消极思维时,先后退一步,然后通过头脑风暴寻找一大堆可能的解决方案。
- 在工作中遇到消极挑战时,努力寻找其中的积极因素。
- 试着用自我鼓励去对抗自我评判。
- 把注意力集中在那些你可以发挥作用的积极方面。
- 多跟正能量的人来往——情绪就像传染病,负面会传染人,正面也一样。
- 每当达成重要成就,都要给自己打气(比如挥拳庆祝),来肯定自己有多棒。
- 陷入职场危机,一定要"死磕"到底。态度才是关键,而积极态度往往能扭转局面。

练习"平静心"

面对重大挑战时,想要保持镇定很难,就像抵抗挠痒的冲动一样,是需要刻意练习的。实际上,在工作中遇到挫折和失望时,极易情绪爆发、言行失控。但是,如果你能够用理性的态度来面对失望,而不是一开始就激烈反击,便能避免局面进一步恶化。

回想一下,你是不是常在聚精会神地做着一件事时,突然被人打断,然后勃然大怒?在这种情况下,练习"平静心"可以帮助你察觉到"我正在生气",却不至于陷入攻击性行为。多练习几次以后,你会发现,遭遇不爽时,并不一定非要去应对。

放下自我评判

工作中,如果在犯了错误或者遭遇失败时习惯性地自责,无异于给自己叠加压力,这会让你更想放弃。相反,如果你能够用"不加评判"的态度来面对糟糕的处境,压力就会减少。实际上,自我评判会让你陷入一种"挫败与自责"的循环,比如"我吃了块蛋糕",会先演变成"反正我已经破了戒,再来一块吧",然后又变成了"我是个废物,绝对不会瘦下来的"。真正让你痛苦的,并不在于吃蛋糕这件事,而在于背后的自我评判。这种负面情绪会使你下意识地去依赖你本想戒除的行为,从而陷入恶性循环。

下次,当你受挫后出现自我评判时,先别急着去压制它,而是承认它的存在,并轻声对自己说:"嗨,'评判声',你今天太活跃了!"事实上,这种简单的承认就能减少你的消极情绪。

别再自我孤立

很多时候,你可能会觉得自己是第一个经历某种特殊遭遇的人——失业、分手、被拒绝。当你自我孤立时,会认为这些感受独属于你,其他人根本无法理解。因此,你需要社交的支持,这样才不会陷入孤立无援的孤独感,觉得没人能懂自己的困境。那些亲密好友,都知道要在工作和生活中保持平衡是多么不容易,所以他们不会指责你,而是会支持你。但是,如果你整天忙着工作,要建立和维持这种支持就很困难了。

想一想,有没有人能让你倾诉自己的过错和烦恼?要是没有,看看你是不是把自己孤立成了"局外人"?接下来,试着和一个你可以信任的人取得联系,让他/她给你安全感,并鼓励你继续坚持。

长此以往,不管是在每日阅读、参加"卷王匿名互助会"线上会议,还是和他人交谈时,你都会逐渐意识到自己并不孤单。当你理解他人的痛苦时,也能减轻自身的痛苦;当你被他人理解时,这份理解也能安慰到你,并帮你顺利闯过前方的惊涛骇浪。

踩住刹车

如果你总是匆匆忙忙,生活就会离你越来越远。在这种状态下,人往往不清楚自己的极限在哪里,容易超出身体所能承受的范围。其实,抛开紧迫感,工作反而能完成得又多又好,身体也不易垮掉。下面这些"该做与不该做"或许能帮你慢下来,踩住生活的刹车:

该做

- **思考如何放慢生活步调。**
- **吃饭时细嚼慢咽,走路时放慢脚步,开车时保持平稳车速。**
- **压力过大时,勇敢地对不合理的要求说"不"。**
- **每次接到新任务时,从待办清单中划掉一项旧任务(保持任务总量平衡)。**
- **觉察内心"闲不住"的焦虑,给自己留出喘息时间。**
- **上班时多练习腹式呼吸。**

不该做

- **不要因"他人之急"打乱自己的节奏。**
- **避免同时处理多件事——专注完成一件事往往更高效。**
- **若因无聊感到不安,试着感受并接纳这种情绪,而非急于逃避。**

学会自我升级

你是把自己当作小写"i"还是大写"I"?这个问题看似无厘头,实则大有深意。如果你认为自己很渺小,那么这种想法会渗入你人生的方方面面。既然如此,不妨试试和蚊子一起睡觉——蚊子虽然小,却会让你彻夜难眠。

不管你的身材、性别、取向如何,这些都不应成为影响你能力的因素。你要在内心真正看重自己,而不是在谈判时、举止上或自我对话中以卑微姿态示弱,更不能允许职场随意拿捏你。

自尊自重,为自己喝彩,适时给自己一句"我很棒"——这些都是在工作和生活中取得平衡的关键。**给自己几分钟,想象将自我从"小写"升级为"大写",看看内心会产生什么不同的化学反应。**

消除"警报"

或许你一直在"警戒"模式下工作。这种状态下,即使不在工位前,你的脑海中也可能没由头地"警灯闪烁"。这其实是一种生物学现象:大脑的边缘系统(也称"蜥蜴脑")为了保护和生存,往往会夸大恐惧与忧虑。它阻断了前额叶皮层的理性思考,使应激激素在体内恣意妄为。

一旦察觉自己受到威胁,你可以先做个深呼吸、停顿一下,再带着好奇心自问:"我究竟在怕什么?坏事发生的概率有多大?最坏的结果是什么?"其实,好奇心能帮你找出无端感到威胁的原因。

当你把自我评价和恐惧抛在脑后,充满自信地投入到行动中,不仅能避免自我内耗,还能更清晰地看待现实。这样一来,大脑的"执行功能"就会重新启动,你将开启上帝视角,发现你是如何在不知不觉中给自己制造了麻烦。

熬过"力竭"

如果你日夜不停地"风驰电掣",很可能会"精疲力竭"——这是工作与生活失去平衡导致的身心耗竭。好消息是:自我关怀能帮助你放慢节奏、恢复元气。试想一下,当你即将撞向墙壁时,若松开油门、踩下刹车,还会撞上吗?这就是自我关怀的逻辑。事实上,唯有自我关怀,才能让你实现高效工作,走向幸福人生。

每天留些时间给自己:放松、运动、玩乐、冥想、祷告、瑜伽、在小区里走一圈,或干脆看看小草生长。当然,你还可以把"心愿清单"和"待办清单"放在一起。那么,你会在"心愿清单"上写什么呢?

坚持不懈，终能成功

人生往往事与愿违。当事情不如意时，你会瞬间崩溃，还是选择重新振作？过度恐惧决策，容易让人陷入停滞；而"屡败屡战"的心态，正是"工作韧性"的核心。

所谓"工作韧性"，是指经历九十九次拒绝后，还能坚持追寻第一百次成功的能力。古往今来，各行各业的佼佼者，都在用行动诠释"永不放弃"的真谛。事实上，转机往往出现在你准备放弃的那一刻。如果想在职场发光，你就必须要有足够的韧性。

当目标未能达成时，你或许会想"算了吧，我不行"，但这只是一时的迷惘，并非真正的走投无路，也不算真正的失败，只是你对结果的期待暂时落空。实际情况是：**你正在穿越大多数人都会经历的"低谷"，而只要你愿意再走一步，你就能登上新的高峰。**

承认错误

"卷王匿名互助会"的第五步说:"我们向上帝、向自己、向他人承认我们的错误。"人人都会犯错,难就难在敢不敢认,以及如何应对其后果。或许你因为过度工作,把朋友或家人丢在一边。或许你养成了一种控制欲,把本想合作的同事拒之门外。因此,是时候正视错误了。承认错误,能让你接纳自身的不完美,从而原谅自己;而把自己的弱点暴露给爱人、同事或者"内卷"康复者,既能让自己摆脱自责,也不必再找借口进行辩护,甚至反击。唯有如此,你才能坦诚面对自己,大方承认曾经的自以为是,却无须陷入内疚和自责。

当然,错误还是会发生,但不必再否认或隐瞒。无论如何努力,人都无法达到完美境界,但可以坚持不懈地追求完美。如果你犯了错,别再自我苛责了,要抓住机会吸取教训,争取下次做得更好。一次"搞砸"往往是一堂"大师课",让你有机会正视人性、承认错误,看见自己给他人造成的伤害,并在坚守正直的路上迈出重要一步。如果逃避"搞砸"带来的痛苦,就会失去成长的契机。因此,只有直面伤痛、正视现实,你才能脱胎换骨,真正成长。

本章心得

- 把运动和活动排在第一位，或尝试站立办公，以抵消长期伏案久坐的伤害。
- 犯错或出问题时，学会及时承认，不要因此自责，一次"搞砸"往往是一堂"大师课"。
- 设定界限，让自己在工作、家庭和休闲中都能如鱼得水、游刃有余。
- 用"yes"而非"no"的心态迎接每一天——主动接纳生活的不确定性，无论好坏与否，都能坦然接受。
- 不要总是让自己有负罪感，通过多多休假来恢复身心状态，开启生活新篇章。
- 每天留段时间给自我关怀、正念沉思和自我反省。

第六个月

重构认知：如何打破忙碌的循环

屈从各种需求，接受太多任务，什么都想帮忙，这些都是对暴力的妥协。

——托马斯·默顿（Thomas Merton）

学习"开悟"

我们不妨将这一章视为一场炽热的觉醒征途,让意识在自我审视中如火焰般熊熊燃烧,更加明亮闪耀。此时,你要做好准备,摆脱那些束缚你的不良工作习惯,比如在第四个月发现的那些坏习惯:急躁易怒、苛求完美、缺乏松弛感。它们并不代表真实的你,只是下意识冲动的表现;它们会让你贸然行事,做出一些对自己不利的选择,让你无法尽情去做自己。

"卷王"们宛如飞蛾扑火一般,不由自主地被职场中的高压工作和风驰电掣般的工作节奏所吸引。倘若对这番描述听起来很熟悉,就说明你或许在原本就紧张的职场里又给自己加压了。佛教所讲的"正见",能助你做好改变的准备,帮你摆脱那些让自己陷入混乱的陈旧思想和行为习惯。借由"正见",你会对自身的"内卷"和吸引你的那种"内卷式环境"保持警觉,从而实现自我的成长与蜕变。本章将介绍一种名为"开放觉知"的正念放松练习。以此践行,你将在日常工作、行走、吃饭时保持平和观照[①]，从而觉察当下每一刻的流动与变化。

从现在起，回想"内卷"是怎样支配你的生活、导致你做出危险决定，又是怎样使你无法过上更加充实的生活？你是否觉得没希望了？当然不是。只要你愿意直面内心，就能打破旧模式、培养新习惯，让工作和生活回归平衡。"开放觉知"能为日常生活增添一份细腻的觉察。例如，从停车场走向办公室的路上，你可以用心感受脚下的坚实、天空的辽阔、视野的宽广，以及声音的悠远。

当你读到本章的冥想部分时，不妨以好奇与坦诚的心态"照见"内心的暗影，实现"开悟"。这种"开悟"，将给你带来积极的转变，它会触及你最深层次的自我，让你完整地看待自己，继而使你重新审视自身潜力，不再妄自菲薄，并逐渐意识到"平静与悠闲"和"勤奋与努力"同等重要。

[①] "观照"在正念练习中属于核心概念，源自佛教术语（"观"指主动觉察，"照"指自然显现），强调对当下体验的"如实觉察"，不陷入主观判断或情绪反应。

从"第一天"开始

这一练习可以帮助你在工作时放慢节奏,觉察身体、思维和精神。

步骤如下:

- 下一次踏进公司大门时,想象那是你入职的"第一天"。留意公司大门、建筑外观及内里布局,重新认识工位上的同事,并用崭新的目光欣赏他们。

- 留神此刻周围的动静和气味。特别要注意同事们的表情与目光,好像你可以透过他们的眼睛读懂他们的故事一样。

- 过程中,如果感觉到对眼前的人与事出现了批判或者同情,体会这种感受,并试着不对自己进行任何评判。

摆脱职场"冤种人设"

那些深陷"冤种人设"的职场人，遇到困难就怨天尤人、满腹牢骚。这些人总是觉得，所有的麻烦都是针对自己的，可自己却无能为力。但是，长期的抱怨会对事业的发展产生很大的阻碍。如果你也有一些"冤种"倾向，那就得小心了：切莫过于"私人化"职场上的难题。专注于解决问题，而不要一味地自怨自艾。

哪怕现在的工作很累、很紧张，只要保持积极的心态，就能披荆斩棘、乘风破浪。所以，不妨留心一下你上班或者回家时的心态，并试着去控制它。当然，你也可以花点时间回顾一到两个令你崩溃的工作难题，想一想："它们有没有给我带来好处呢？"然后，梳理一下现在的工作，看看哪些方面能让你满心期待、享受其中。

莫让比较拉低自己

一旦用他人的人生作为标尺来衡量自己,你就会得出"我不如人"这种不公平的结论,最终吃亏的还是你自己。

当你拿自己和他人相比时,等于是在自己贬低自己。哪怕周围的人都很看好你,你也会觉得自己很差劲。为了打破这种恶性循环,你可以尝试,在同事取得好成绩的同时,珍惜自己的价值和亮点。不要只是装出一副谦虚的样子,花点时间想一想:"我的独特天赋究竟是什么?我是否有这些天赋?若心存怀疑,能否通过调整心态来肯定自己,让生活和工作实现双赢?"

多爱自己一点

我敢打赌,你对待自己从来不像对待爱的人那样宽容:把小错误放大,对自己的能力失去信心,对自己出言不逊。殊不知,内心的自我关怀,恰如疗伤灵药,可以加快康复的速度。

记录下每天自我贬低的次数,然后,尝试用温和的语气"对冲"掉所有贬低。例如,"别着急,慢慢来""你能行的""深呼吸,别慌""一切都会好起来的"。这样的自我关怀练习,不仅能激发热情、好奇、灵感和兴奋等积极情绪,还能让你更有信心应对生活压力。

中庸之道

也许,你习惯用"非黑即白"的两极思维硬生生地给工作和生活分类,却忽略了一个事实:真相往往就隐藏在两者之间的灰色地带。

当你陷入这种两极思维时,你应该去寻找这个叫作"中庸之道"的灰色地带,以此来引导自己在工作和生活中取得更好的平衡。比如,把"要么做好,要么不做"的极端观念,转化为"我不必事事追求完美,我可以冒险尝试,并从错误中吸取教训"。

一旦你不断地去寻找灰色地带,你就能以更加客观的眼光看待"中庸之道",同时也就能更加善待自己。这样,你的工作和生活就可以健康地共存了。这不正是理想的状态吗?

抵制"内卷文化"

你不仅要觉察自己的工作模式，还要意识到自己常被吸引的"工作环境"究竟是什么样的。事实上，"卷王"往往喜欢高压氛围浓厚、看重产能胜于员工福利的公司。如果你正计划跳槽，建议选择将"员工福利"置于首位，既能保障身心健康，又能让你在工作之余享受个人生活的公司。面试前，在网上多搜集些信息绝对值得，毕竟"替自己的幸福把关"才是最应该做的功课！

你值得拥有

很多"卷王"都遭受着"冒名顶替综合征"的折磨，他们不敢正视自己的成功，老觉得"我在骗大家我很能干"，内心充满了自我否定。这种综合征的症结在于"我不配"和"自身存在重大缺陷"的思维定式。正因如此，这类人时时刻刻都在担心自己的"无能"会被揭穿。即使外部证据已多次证明他们的能力，他们还是会下意识地忽视这些，执着地认为自己很"菜"。越是怕被人发现，他们就越是拼命地加班，幻想着有朝一日能像别人那样，用积极的眼光看到"闪光的自我"。

不妨多给自己一份认可，回顾你经历过的风雨与见过的彩虹吧！当你把"我不配"这种心理暗示抛在脑后，坦然拥抱已经取得的成就时，你就会发现，其实值得庆贺的事情有很多很多。

给"控制欲"降降温

控制欲是"内卷"的典型特征。你一直以为地球离开你就不转了,其实你完全可以把"地球"交给别人。看吧,只要把项目交给别人,你就会变得诚惶诚恐、忧心忡忡,生怕别人做得不好。

何不试着别把一切都定死,给自己留点灵活的空间?当你无法左右局面时,尽量保持冷静,集中精力控制自己的反应,而不是试图去控制一切。

康复路上多点耐心

在你决定"改变"时,很可能想要一口气翻篇,但往往欲速则不达。要知道,你不可能在一天、一周甚至一个月内就重新塑造一个"卷王"的思维模式和习惯。毕竟你沉浸其中多年,所以康复亦需费些时日。

如果你对自身的康复进度心急如焚,可以在心底默念"一步一步走"来脱离苦海。只有认识到不可能拔苗助长时,你才能继续在这条康复之路上稳步前行。

来一场"复原的休息"

当加班成为常态,休息往往就被抛诸脑后了。事实上,休息不仅可以提高你的创造力、增强团队合作能力,还可以让你重新焕发动力。

"复原的休息"不仅可以帮助你平衡工作与生活,还能帮助你更好地适应人生的各个方面。作为一种被动性休息,它可以让大脑进入一种"闭目养神"的放松状态,降低心跳和呼吸频率。此外,它还能让你从"全年无休"的工作模式中抽离出来,学会关照自己,并保持思维的清醒。若将其纳入日常生活,你会惊喜地发现,不用刻意作出改变,也能随遇而安地享受时光。

笑对挑战

有时，笑对人生似乎会让你觉得"不够严谨"。因为在你看来，欢声笑语似乎与完成工作是矛盾的。除此之外，你那种严肃刻板、不苟言笑的样子会让你更加坚信：人生应该全部用来工作，不能有一丝玩乐。或许你还看不起那些爱笑、爱讲笑话或爱营造轻松氛围的同事。但是，如果你忘记了自嘲，无视生活中那些有趣的时刻，那么，就等于默许"忙碌"将快乐从人生中夺走。

想要生活不失衡，你就得以轻松的心态面对生活的挑战，不必纠结于琐事的纷纷扰扰。一丝幽默并不会降低你的生产力，相反，它还能给沉闷的日常增加趣味、缓解压力、提升士气。事实上，缓解工作压力的秘诀，正是以轻松心态笑对挑战。

回想一下，你有多久没有开怀大笑过了？我想已经很久了。现在，你正在朝着"开悟"的方向前进，为什么不让自己轻松自在、畅快放松呢？

"表扬三明治"沟通法

在交流时做到坦诚并非易事。所以,你或许会拐弯抹角地表明自己遇上了麻烦,或者干脆对困难缄口不提。或许,你还会冷不丁地暗示、用非语言线索、借他人之口,抑或依赖对方自行揣摩,期待别人能读懂你的心思。

一种名叫"表扬三明治"的沟通法,不仅可以帮助你表达难言之隐,还可以帮助你收获正向反馈。没人喜欢被负面意见狠狠轰炸,但若一开始先用由衷的"肯定吐司"开场,对方就更容易接受中间的"批评馅料",最后你再以另一个"表扬吐司"收尾。这样,你就可以说出自己的真实想法,而对方也不会因此抗拒,反而更愿意"吃完"这份"三明治"。

你是否因为害怕与某位亲人或下属起冲突而把事情藏在心底,导致两人之间的隔阂越来越大?如果是,该怎么沟通才能修补关系?不妨运用这招,勇敢地说出你的担忧,治愈你的人生。

为自己"留白"

你也许忙碌到无暇陪伴家人,对朋友的邀约也是以"没空"推脱,甚至忽视了自身的身心健康。其实,你不是因为"没时间",而是你"没给自己留时间"。

健康比什么都重要,这是无可否认的事实。而这段康复之旅会教你如何把自我关爱置于首位。学会少花点时间"拼命干活",多陪陪家人朋友,才能让自己的人生更有意义。

找到人生新目标

把工作置于一切之上,是一种病态的心理倾向。也许你因为工作上的成就而获得了认可,把生命的意义寄托在工作上,但你的心里还是会有一种空落落的感觉,无法找到人生的意义与目标。

不停地工作给了你虚幻的安全感、权力感,以及一种掌控生活的假象,但等待你的终究还是精疲力竭与内心的荒芜。

然而,康复之旅能帮你厘清工作与生活的边界,让你不再将二者混淆,进而去探寻有益身心的休闲方式。同时,它还能引导你回归内心深处,重新锚定人生的意义与目标。想一想,你是否已经不再关注人生中真正重要的事物?如果答案是肯定的,那就想办法补救,找回你的三观和人生目标,并以此为动力,去追求张弛有度、平衡和谐的生活。

效率就是生命

如果你只沉溺于"忙碌",而忽视"成果",到头来很可能竹篮打水一场空。很多时候,"卷王"们只是"为了做而做",深陷细枝末节难以自拔。其实,很多事情本来投入更少的时间就能做得不错。

或许你会暗自说服自己"要赶工期,不加班不行"。然而,那些具有"松弛感"的职场人士可能会在平日里就全力以赴。他们要么向同事寻求帮助,要么想出更有效率的方法,以保证自己在周末有时间休息。在旁人眼中,"卷王"似乎更沉浸于工作,但事实上,他们之所以这么做,并不是为了更好地完成工作,而是为了掩盖内心的不安。

你呢?你付出的时间和结果是否成正比?你是靠"时间"来"磨洋工",还是靠"高效率"来提产能?你能否用更高效的工作策略来维持工作和生活的平衡?

拥抱"被拒绝"

当你在乎的事被拒绝,你会感到非常痛苦。这可能是求职失败、考试失利、等待回复却石沉大海。而这种痛苦若发生在工作场景中,往往更为强烈,想一想,升职机会被同事抢走是一种什么样的体验。

或许你经常在工作和生活中被拒绝,并因此尝尽苦楚。**但事实上,很多时候,成功都建立在被拒绝的基础上。**因此,在康复期间,你要学着把"被拒绝"视为一种生活的常态。毕竟,失败是成功之母。拒绝只是暂时的绊脚石,而非穷途末路。

面对拒绝时,真正决定我们是否强大的不是事件本身,而是我们如何应对它。请记住,被拒绝的不止你一个人,而且就算被拒绝,也并不代表针对的是你个人。事实上,拒绝常常是好事即将到来的预告!

锻铸"抗压韧性"

你不见得总把身心维持在最佳状态。或许你习惯以快餐果腹,缺乏休息与锻炼;或许,在旁人眼里,你甚至成了典型的"卷王":三餐匆匆解决,熬夜透支身体,对身体发出的警示信号视若无睹,任由自己一步步走向痛苦的深渊。所以,是时候给身体重新充电了,这样才能更好地应对压力。

科学家发现,身体素质好的人更容易承受压力。而调节压力的"黄金三角"就是:常运动、睡眠足、营养好。一旦养成了这样的生活习惯,你就会发现,遇到诸如排队、堵车、航班延误这样的小事时,你会更加淡定。毕竟,善待自己,就相当于在身心两个层面都获得了"食粮"。

迎接独处的美好

工作结束后,你还在"快进"吗?实际上,很多人并不懂得如何从工作中抽离出来,在独处中放松自己。或许你害怕一个人,所以不愿独处,于是就用忙碌来填补生活,以此回避内心深处的那个自己。其实,你得珍惜那个从生到死始终陪伴你的"自己"。

孤独是自我的贫瘠,独处则是内心的丰饶。独处可以让你重拾内心的平静与安宁。你完全可以在家中、办公室或别的地方布置一个"私人地带",让它成为自我冥想、回顾人生的安心之地。独处还能在连日应对任务的消耗后,为你夯实心灵的地基,让你在纷繁的日常潮汐里依旧牢牢矗立。

换个角度才对

无论你是疲惫不堪的父母、雄心勃勃的商人，还是对未来顾虑重重的退休者，都绕不开压力。如果你总是沉溺于负面思维，那么只会让自己陷入更多困扰。

不如挑战自己，换个角度来看待问题。比如，"今年得交好多税"，换个角度就是，"我今年比往年挣得多"；"这聚会我一个人也不认识，我不去"，换个角度就是，"要是去的话，说不定能认识新朋友"。当然，你还可以把坏事解读成好事，比如，"朋友的车报废了"，换个角度就是，"虽然车报废了，但好在人没事"。

当压力来袭，换个角度看待，能重塑你的思维模式，从而发现事情好的一面。这样一来，你便能培养出积极的情绪，让自己的人生恢复平静。

让好斗情绪退场

有时候,你会觉得寻找所谓的"平衡"就像陷入了无休无止的苦战。如果你总有一种"屡战屡败"的感觉,或许需要从内心深处探寻问题的根源。你可能会下意识地在心中划定一条"敌我界线":喜欢命令别人、拒听不同看法、死守老路……如果你咄咄逼人、专横跋扈,那么就会在内心无形地生成"自我冲突"。

事实上,真正让你烦恼的并不是事情本身,而是你给它贴上了"好/坏"的标签。事情本身没有好坏之分,是你的主观评判使其与情绪挂钩。如果你小题大做,那就意味着你失去了客观的判断力。不过,你终将意识到,你所经历的磨难,其实都是世界赠予的礼物。扪心自问:哪种好斗的态度需要改变?是不是强迫所有人都按照"我"的意愿行事?是不是强迫世界遵守"我"的规矩?如果是这样的话,那就请"我"的好斗情绪退场吧。

遏制你的拖延症

当工作堆积如山时,你可能因为想做到"完美"而迟迟不动,但随着工作越堆越多,你会愈加焦虑、易怒,甚至还可能自责。短时间的拖延,能让人放松一段时间,但久而久之,压力就会越来越大,让人愈发被动。

别忘了,你比拖延症更有掌控力。**唯有接纳不完美、容许犯错,才能斩断拖延的循环**。关键在于:不要等到最后一刻才开始,越早动手越好。将大项目拆分为具体任务,一件件解决,而不要让整体把你压垮。现在,拿出你的待办清单,按优先级排序,从可以最快完成的事项入手吧。

努力去做个"真材实料"的人

"卷王匿名互助会"的第六步提到,你要做好消除自己缺点的准备。当一个人追求完美,容不得半点差错,甚至想要掩盖错误的时候,反而会以牺牲"真实度"为代价,制造出更多的"不完美",而这些不完美,都是你极力想要避免的。要想做个"真材实料"的人,就要将诚实的品质看得比他人的评价更重要;承认缺点并愿意改正,同时要学会自我纠正。

成为"真材实料"的人,不代表你要无所不知、无所不能,而是要"知之为知之,不知为不知"。在承认自身缺点并改正自身缺点的过程中,你既不会妄自菲薄,也不会放纵自我,反而能与人性中的"不完美"和解,让自己更加自信笃定、内心丰盈。这才是真正的"明智"。

本章心得

- 把"开放觉知"融入日常,让头脑清晰、内心平静。
- 学会以"积极"应对悲观,在消极中发现"亮点",聚焦解决方案,而非问题本身。
- 当事态无法掌控时,放手"投降",专注"如何回应"。
- 享受独处,将之视为自省或冥想的契机,给自己补充能量,转变视角,让自己在压力下保持冷静。
- 关注生活中轻松愉快的一面,让自己冷静下来,获得更多平衡感。
- 努力去做个"真材实料"的人:真诚待人,敢于认错,主动纠错,并从错误中吸取教训。

第七个月

谦卑与赋能：如何平息冲动

怀谦卑之心，与忙碌的大脑为友，

这样既不会把大脑累坏，也不会被大脑累坏。

保持谦卑，放低姿态

温热的天气里，人们最喜欢的就是外出放松：游泳、远足、吃烧烤等。但"卷王"们却会因为无所事事而产生负罪感和焦虑感，从而轻视休闲娱乐的价值，连对户外活动或像国庆这样的假期也视若无睹。你呢？你是否也有意回避社交，忽略个人的兴趣，或是对休闲娱乐感到反感？就算其他的同事们都已经收工，潇洒消夏，你是不是还在室内埋头苦干？若真是如此，现在就该是你静下心来反思和冥想的时刻，去思考自己为何总是"停不下来"，这种状态如何让你与他人疏离，又如何让你的"小我"占据主导。

有人把"小我"的英文单词 ego 解读为"ease good out"（意思是"拒绝好东西"）。因为一旦"小我"占据主导地位，就会阻碍你去认识最真实的自我，阻止你将生活的各个方面协调统一。你的"小我"会对你耳语：工作才是最重要的，你所谓的"无所不能"，不过源于荣誉、高薪和他人的认同。

本章将帮你做好心理准备，去补偿那些因"小我"作祟而使你成为"卷王"时伤害过的人。既然在上一章里你已开悟，那么想要真正改变，"谦卑"就是"特效药"。如果没有谦卑，你很难克服自身缺点。谦卑可以让你去掉滤镜，直面自己的"素颜"，让你发现，你不是只有工作项目和截止日期。同时，你还能客观地认识到，家人、朋友和同事也很重要。它将有助于你摆脱对每个人、每件事的掌控欲，引导你走出"我就是宇宙中心"的思维，让你在家庭、社交圈及职场中都能游刃有余。

渐渐地，你会对身边人产生更多的理解与共情。这些人可能是你曾经瞧不起或不理会的人，又或许是你努力工作想要"证明给他们看"的人。你曾经希望他们为你喝彩，看到你的卓越，称赞你的出色，甚至羡慕你的成功。现在，你能平等待人，融入每个人的生活，而不会要求所有人都放弃手中的事情来为你服务。你还可以对事情有更深层的看法，乐意去感受过去一直被你用过度忙碌所麻痹的"痛楚"。当你能同时接纳"痛楚"与"喜乐"，你便会进入更深层次的心理健康状态——这条"放松之道"将给你"内卷"的人生带来巨变。

这一章后，你将不再"一马当先"，不再抢占所有资源，也不再阻挠他人或妨碍事务推进。你会更加在意他人的感受，而非刚愎自用。你将在"谦卑之旅"里变得温和谦卑，而不是争当"超人"。读完本章，你会意识到，工作与生活的平衡，从来不是为了追逐名利或离苦得乐，而是为了在顿悟中悦纳完整的人生。

平息冲动

只要两分钟的正念,就可以使你对"开始工作"的冲动有一个更好的认识。适时到户外活动一下,让大自然把你带离社交媒体和工作任务,让思绪得以平静。或许两分钟对你来说十分煎熬,但与煎熬的对抗至关重要。

以"谦卑"的心态任选一样自然事物,冥想两分钟。你可以凝视春花、观察莺飞草长,或是细赏秋竹、聆听竹影摇曳,也可以远眺瀑布、感受飞流直下。其间,可以感受暖风拂面,看姹紫嫣红绽放,或是聆听虫鸣雷霆。当那种"该去干点什么"的冲动冒头时,不要反抗,只需关注它,就像你在健身时把注意力集中在某块肌肉上那样。就这样,既不评判,也不强行改变,看看自己的感受发生了什么变化。然后再问问自己:"这股冲动是在制造分心,还是在掩盖内心的焦虑、对失败的恐惧,或是亲密关系中的困扰?"然后以同情与谦卑之心面对它,看看冲动是否已悄然平息。

警惕"工作性暴饮暴食"

有些人的工作模式很不规律,时而热火朝天,时而躺平摆烂,这样的人就被称为"暴饮暴食型卷王"。你是不是也会这样?如果答案是"是",那么你很可能会在时间紧迫时进入一种疯狂的工作状态,然后又久拖不做。你一次又一次地接受超过自己能力极限的工作,一直拖到最后一分钟,才手忙脚乱地完成。

拖延和完美主义是"工作性暴饮暴食"的正反两面。你因害怕无法完美完成项目而拖延,而完美主义让你陷入瘫痪,让你在长时间的工作停滞中挣扎。然而,在迟迟无法开始时,你却对工作的完成纠结不已。表面上,你看似是在逃避工作,但实际上,你一直在暗自操心,妄图扭转。

当你感到"压力山大"时,拖延只会让你不断内耗,徒增焦虑与烦躁,甚至还会自我厌弃。解决问题的关键就在于"开始行动"。看看任务列表,先做一件能短时间内完成的事情,这样既能减轻拖延造成的负担,还能激励你去进行下一项工作。

留心"卷王日"

在美国,7月5日被称为"卷王日",用来向那些把全部时间都花在工作上、忽视其他人生追求的人"致敬"。这特殊日子的设立,旨在提高公众对"过度工作、不吃午餐、牺牲睡眠"这一致命组合的深刻认识。

在这一天,同样呼吁你调整一下自己的生活方式,给娱乐、社交、兴趣、运动、睡眠、健康饮食和人际关系等方面多一些时间。不然的话,你就很可能会心力交瘁、濒临透支,而且大脑还会变得迟钝,从而决策失误,丧失对环境的感知和控制能力。

所以,今天就把这个想法传播开来,让更多的人知道"内卷"的危害吧。如果你身边就有"卷王"的话,不妨让他/她歇一天,然后两个人一起做一些有意思的事情,比如约个饭,或者一起爬山。如果你本人正是"卷王",那么不妨利用这个时间好好休息一下,学着去放松,然后好好地审视一下自己在哪个阶段最有必要重新建立起工作和生活的平衡。如果你已经很多年没有好好度假了,那就来个"大长假"好了。

重获清晰认知

如果每天都沉浸在工作中，你可能都没有意识到，自己已经"工作上瘾"了。就像一个瘦骨嶙峋的厌食症患者照镜子时觉得自己很胖一样，你也许会嘲笑那些指责你沉迷工作的同事和家人。

过度沉浸在个人的主观体验中，会让你否认周围人的客观观点，进而陷入成瘾的认知盲区。其结果是：一身松弛感的"打工人"坐在办公室里，幻想着在滑雪坡上自由飞翔，而一身班味的"卷王"站在滑雪坡上，惦记着办公室里忙碌的事务。

随着"感知扭曲"浮出水面，迷茫和犹豫的雾气将会逐渐消散。届时，你将重拾"初心"，把里里外外看得真真切切。现在，你可以用一些时间来思考"初心"是什么。下一步，看看你能否卸下滤镜，从更清晰的视角看待人生的无限可能。

别再当职场"戏精"

如果你是个职场"戏精",你很可能会强迫自己和他人去追赶一些不切实际的期限,而且给自己安排超额的工作,企图让许多任务"齐头并进"。你习惯将小事夸大为灾难,遇到一点小小的困难就大喊大叫"狼来了",或者埋怨"太倒霉了",甚至沉迷于混乱中,把自己当成"受害者",而不是去做"幸存者"。当你"戏精上身"的时候,你可能会因为肾上腺素狂飙的快感而感觉兴奋,但是你的同事和下级可能会因为这些额外的压力而濒临崩溃。

在康复过程中,"戏精"终将明白:追求轰动效应无法替代脚踏实地的努力。若真想营造"危机感",须保持清醒认知——在真正的危机面前,疼痛只是可选项,而不是必选项。这样,你就能调整好自己的心情,放缓工作的速度,既不会大包大揽,更不会小题大做。

严防"自我对话"陷阱

你是否曾在重要事件发生前产生"不祥的预感"呢?这种时候,内心往往会响起自我怀疑的声音:"你肯定会把事情搞砸",或者"你的想法肯定得不到认同"。

然而,这样的"小我"独白只是你的一部分,而非全部。你比这个声音更强大——正如你不会将自己等同于一条胳膊或者一根肋骨。如果你发现自己被焦虑、愤怒、挫败之类的负面情绪所困扰,你可以把它们"拎远一点",就好像在观察手背上的一颗小痣,然后询问那颗小痣来自哪里。不要拒绝这些情绪,并且承认它们,客气地说:"你好呀,你今天看起来很活跃。"

马上尝试一下:先找到那个反复困扰你的念头或情绪,带着好奇心去观察它,就像单纯观察一片叶子顺着小溪漂过岩石那样。你只需要让它自由来去,而不需要代入、拒绝或认同。感受不适感离你越来越远,直至内心重归平静。

直面自我

在你试图去证实自身价值的时候,世间万物、身边众人,都成了你衡量自我的标尺。于是你认定,只有自己做的事才是"正确"的,甚至将他人的成功等同于自己的失败。你紧抓着自己的学历、职位或头衔不放,却忘了自问:人生的要义究竟是什么?

不可否认,袒露真实的自己绝非易事。这是因为人类天性里有自我保护和生存的本能,所以必须要有足够的信心与勇气,才能允许人们看见真实的那个你。不破不立,只要你敢于尝试,那层自我的壁垒就会慢慢融化,人性的光辉就会显现出来,你就会变得更有信心和勇气。你会发现,当你活出真实的自我时,所获得的成功与幸福远超从前。

点燃激情

如果你对工作中的一些事情非常反感,那么,很可能在尚未开始工作时,这种反感便已滋生。事实上,你专注什么,就会放大什么;你越是关注让你反感的那件事,它就越会在心中被无限强化。但是,哪怕今天工作充满挑战,你也依然能像往常那样保持积极态度。

如果你充满激情地去做一件事,这种激情就像一颗火种,会瞬间给你带来巨大的动力。不妨问问自己:"这份工作中有什么地方是我感兴趣的?"然后专注于那些带给你愉悦、激情或单纯快乐的事情。

是与你合拍的同事或客户吗?是待在一个你喜欢的办公地点或进行一次有趣的互动吗?试着在你的日常计划中找到一个你所期待的"小亮点",并把注意力集中到上面,让它在你心中绽放出激情。这样一来,你会为自己拥有更多的休息时间、工作成绩和内在喜悦而感到惊讶。

把工作分割出来

工作只是你人生的一部分。如果把它单拎出来观察,你就会发现,虽然它与其他部分有着千丝万缕的联系,但实际上,它并不能代表真实的你。这样,你便能告别残缺的生活模式,避免做事半途而废,追求人生的完整。一旦你决定要过一种更有意义的生活,接受自我的方方面面,你就会开始意识到,"工作"就如同一块"独立的拼图"。这时,不妨问问自己:"其余的我是什么样子?"哪怕暂时不知道答案也不要紧,因为你有足够的时间去慢慢拼凑,而且这也正是你康复之旅的首站。

当你把"工作"视为一块独立的拼图时,你就能将其他部分拼凑起来,构建一个完整的自我。从全新视角审视这份"完整",生活的意义会变得更加清晰。

欢迎"轻松惬意"

比起安稳,你可能更适应于混乱。也许一想起"停下来"三个字,你就浑身都不自在,甚至会感到惊慌失措。因为你早已习惯了大脑的飞速运转。而每日的奔波与生活的重压,也让你难以"踩住刹车",稍作喘息。

不过,要过上更均衡的生活,就得学会"驾驭"思维和工作,而不是任由它们牵着鼻子走。这就是"正念工作"。事实上,唯有在一种轻松的状态下,你才会拥有一颗平静的心,进而找到"美好生活"的出发点。当你平静下来的时候,心率和呼吸都会放慢,思维会更加清晰,行动和决策也都更加均衡有度。然后,焦虑和恐惧会逐渐消失,取而代之的是一种幸福的宁静,让你感觉全世界都在为你亮灯。可事实上,这种轻松惬意的状态只是偶尔出现。如果你以为能一直保持,那便是自欺欺人了。练习正念的次数越多,你就越容易进入这种状态,即使身处混乱。届时,你也会变得更加精神抖擞、身体健康。

保持谦卑，永葆"空杯心态"

职场中，大部分人都会时不时经历自我怀疑、拒绝和沮丧。保持谦卑会让你停止抵抗，坦然接受眼前的一切，这反而会减轻你的痛苦，赋予你力量，让你得到解脱。

回想一段你曾因工作感到不愉快或遭受重创的回忆，挑选一个安静的地方冥想。当你集中注意力的时候，想象自己是浩瀚宇宙中的一粒小小尘埃。冥想一下，还有比你和这次失望更巨大的存在。接着，用你的怜悯之心去感受这种失望，看看你的内心是否已经释然。

给心态来次"重启"

有位朋友曾告诉我:"我做的这份工作,永远在追赶,一刻也停不下来。哪怕我连眼都不眨,还是会被甩在后面。"你是否也常常忙得不可开交?是否也总是处于被动状态?

实际上,人们在谈论工作中遇到的麻烦时所用的语言,可以反映出他们内心深处的信念。假如你说"我总是落在后面",你就会把这种"失败感"不断内化,就好像你确实在犯错或者没有做好一样。殊不知,你本身就有"创造"工作体验的能力。换句话说,假如你把自己看成"职场受害者",那么就注定苦不堪言。假如你觉得自己很强大,那就问问自己"我是如何对待工作的",然后留意自身心态的转变。

后来,我的朋友在描述她的情况时说:"我这工作啊,很多人都会觉得压力山大,跟不上趟儿。"念头一转,压力顿时减轻了不少。所以,你是否需要重启心态,别让工作压力太往心里去?如果不再把"我有问题"之类的消极话语植入你的大脑,你就会打破桎梏,重拾信心。

拿起铲子,挖掘内心

你是否不敢正视内心深处的某种东西,所以用"埋头苦干"来做掩饰?于是,你不断揽活儿,以此来麻痹自己。你要是"卷王",就知道我说的是什么了。尽管你能感觉到"暗自焦躁",但你总是一遍又一遍地压抑着自己,从来没有深究过。

可终有一日,你需要敞开心扉,扪心自问:我究竟在回避些什么?是否因为受过伤害而害怕与人亲近?是否担心他人不喜欢真实的我?是否觉得自己不配被接纳?是否觉得自己没有资格存在?我的"内卷"是否帮我抵挡了某种严重的焦虑?

经过一番深挖,我终于直面了"内卷"让我回避的东西。这,让我重获新生。那么,你知道自己一味逃避的根源所在吗?

如果还不清楚,不妨继续往下挖吧。别怕挖出来的东西会伤害你,它们会解放你。

亲近户外"绿野"

事实证明,要想在工作中保持"松弛感",多接触户外是个不错的选择。如果你是个"卷王",那么你很可能把绝大部分时间都用在了埋头苦干上。

科学研究显示,户外活动是恢复健康的"通行证"。只要每天抽出二十分钟去公园走走,或者让自己融入大自然,你就能提升能量,"重置"疲惫的大脑。如果做不到这样,你可以看看窗外树木成林、湖面如镜、晚霞红透的景象,感受万物生灵与天地精华,便可减缓心跳,平缓呼吸,放松紧绷的肌肉。

尝试在工作日抽出五分钟去室外散散步,或者在雾霾天气爬楼梯。很多研究都证明,比起交通繁忙的街道,在树林中行走更有利于提高工作绩效。所以,时常找个公园逛逛,或者偶尔在林间享用午餐吧!休息时,你还可以去喷泉边坐坐,或是到动物园逛逛。就这样,感受沁脾的和风,欣赏缤纷的花朵,嗅闻醉人的芬芳,看看繁茂的草叶,聆听虫吟鸟叫,让自己的思绪随着水流漂向远方。

接受"工作不确定性"

每个人的工作都具有不确定性。你永远不知道公司何时被卖掉,职位何时被砍掉,或自己何时"被优化"。如果你和大多数人一样,那么这种不确定性会让你放弃午餐时间,放弃享受应有的休假或病假,担心被别人看作懒汉,而这种担心进一步导致了身心的疾病。

最好的办法就是控制好工作带来的压力:尽量让自己变得无可替代,下班后注意身体的保养,学会"小憩片刻",比如运动或者种植花草。当然,你还要安然享受休息时间、午餐时间和假期。要知道,应对工作不确定性的"秘诀"就是承认你并不能控制它。

虽然这一点与你的直观感受相悖,但是仔细想想,工作中的很多事情,比如预算削减、裁员警报或失业焦虑,是你能控制的吗?另外,研究也表明,无法接受工作不确定性带来的身体健康危害,比真的失业要严重得多。相反,如果你能冷静地接受工作中的不确定因素,就能减轻工作的压力,让你的思维更加稳定,更加专注于当下。

成为一棵"大橡树"

一颗小橡子蕴藏着长成大橡树的能量。同样,你也有这股力量。你可以自问:"有没有跟这股能量的来源联结?我是橡子,还是橡树?"只有认识到了这种能量并加以培养,你才有"韧性"抵挡"内卷",并顺利恢复健康。

这不只指体力。我所指的,是在工作中坚守岗位,养成健康的工作习惯,并兼顾跟家人、朋友及自我的关系。

如果"过度工作"使你几近崩溃,请记得:你拥有让自己稳稳扎根于大地的一切力量,无论狂风还是骤雨,都不会动摇你的根基。当你聚拢内心所有力量,就如同根基深厚的灌木一样,你将恣意向上生长,冲破强迫性工作的枷锁。

学会等待

或许，你已经习惯了在任务间连轴转，如果突然要你"等等"，那就是在和一台永不停歇的发动机做斗争。毕竟，你一直希望人员和事态都跟上你快节奏的步伐。你有没有发现自己常常会无意识地用手指敲击桌面，用指甲敲打东西，或者在等待时攥紧拳头？

我自创的英文首字母缩写 WAIT（等待）可以帮助你在排队、等候或航班延误时掌握主动权，不再陷入被动之中。

- **W（Watch，观察）：当等待触发压力时，观察内心变化。**

- **A（Accept，接纳）：说服自己是我主动选择了等待，接纳这种压力和内心反应。**

- **I（Invite，邀请）：邀请这些反应放松下来，并用好奇心与同理心平息它们。**

- **T（Tell，告诉）：心底轻声告诉这些反应："我们能搞定。"**

如果你在等待时总是挫败不安，觉得它妨碍你完成清单上的事，那么一旦学会做个深呼吸并践行"WAIT"，你就可以阻断自动生成的负面反应，避免被情绪劫持，体验到正念带来的放松。

打造"无工作区"

不管再忙,你总能有机会休息一下。如果每天能为自己留下一丝属于自己的反思时间,你就不会被工作压力压得喘不过气,也能更好地掌控自己的人生。要是能再单独划一块地方,不让工作压力和负面情绪进入,你就更容易按下"暂停键"。

你可以在家中划定"无工作区",一进去就不去想工作上的事情,让这个地方成为你的宁静天堂,没有电子产品,没有工作工具,没有争执,也没有时间表。总之,一切关于工作的忧虑、反刍和压力,都不许在此发生。

或许你还可以在家里腾出一个房间,专门用于冥想、祈祷或静观。如果没有单间,就选不常去的角落。你还可以布置一个冥想台,摆上特殊的纪念品和你最爱的照片,让它们唤起美好回忆和宁静心态;或者在书房或卧室的一角,戴上耳机,让自己沉浸在轻柔的音乐里。如果你想更有仪式感一些,就把浴室打造成临时水疗馆,点上香薰蜡烛,播放轻柔音乐,放一缸温水,再往水里滴些精油或撒些玫瑰花瓣。

注意一条未被重视的"数据"

假如你和一个"卷王"结了婚,他/她是否曾为了工作一次又一次地"出卖"你?如果是这样的话,我想你已经习惯了这样的状态。此外,我猜你还时常感到孤单寂寞、无人陪伴,但不止你一个人这样。

研究表明,"卷王"的配偶更容易遭遇婚姻冷淡、情感疏离、分居甚至离婚,他们的离婚概率比常人高45%。这是因为"卷王"伴侣在生理和情感上的缺位,使他们感到被忽视、被冷落、不被关爱、不受重视。

你是否为了配合伴侣疯狂的工作节奏,给自己的人生按下了"暂停键"?如果是这样,你可能正在无意中纵容你本想消除的这种成瘾行为。许多配偶将自己的生活围绕"卷王"伴侣展开,只因为他们想从对方那里得到更多的爱与支持。这听起来合乎逻辑,对吧?但对"卷王"来说,这并没有作用。

实际上,一次又一次地推迟自己的生活节点,换来的只会是失望与纵容。要是"卷王"伴侣老是说"我会赶上晚餐的",然后一次又一次地放你鸽子,你可以考虑按时开饭,不必等他/她。当然,也不要在社交聚会或家庭活动时替他/她的缺席找借口,更不用承担本该属于他/她的家务。

欢迎"去除"的发生

"卷王匿名互助会"的第七步说:"我们要谦卑地向上帝祈求,让他去除我们的缺点。"这句话的关键就在于"谦卑"。如果没有谦卑,你便缺乏成长所必需的远见卓识,也很难在康复路上有所进展。但是,当你愿意正视自己的缺点并加以纠正时,谦卑会帮你一把。

或许你曾狂妄自负,觉得自己是个特例,不必遵守普适规则。但是,在康复之路上,你将坦诚地面对自己的"小我"如何掌控了你的工作和生活。你还会意识到,他人的缺陷就像汽车大灯,看起来特别刺眼,但这并不代表你就没有毛病。你将不会局限于别人的过错,而会真正地反省自己。你将把自己与其他人放在同一层面,并且认识到你也有同样的缺点。

你要谦卑地改进不足。只有当你谦卑地接受与他人相同的准则时,你才会真正踏上灵性成长之路。随着老毛病慢慢去除,你的同事、家人和朋友都将对你刮目相看。

本章心得

- 从"小我"中解脱出来,让自己的心灵得到解放。
- 谨防"小我"化身"戏精",并开启危机模式。
- 无论做什么,都要保持谦卑。
- 学会践行"WAIT":慢下来,沉着应对各种突发状况。
- 不要以工作为借口来回避内心的问题。
- 创建一个"无工作区",让思绪平静、状态放松。
- 记住,"小我"代表着"拒绝好东西",所以别被自己的想法支配,试着在工作中保持真我吧!

SELF-CARE

第八个月

疗愈与修复:如何重建关系

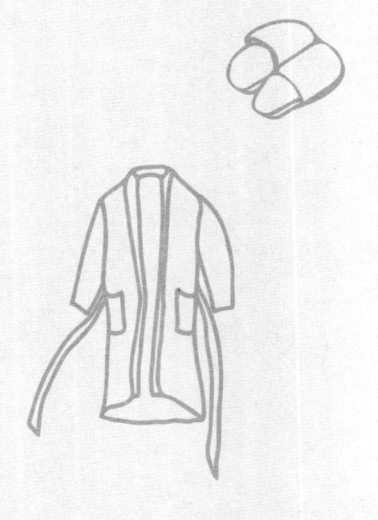

有时候，最大的障碍其实就横在眼前。

所以，跨越舒适圈，别给自己设限，

大大方方承认错误吧。

承认伤害，刮骨疗毒

在本章中，你可以收拾残局、修补破裂的关系、筹划一个更加清晰的未来。想要完成这些，你必须打破常规，走出舒适区，直面过去本能逃避的情况，并开始新的行动。

坦白说，你做事的"欲望"已经盖过了对享受生活的"渴望"，将你从"血肉之躯"变成了"人形执行器"，让你的思维不是深陷于过去的泥淖，就是担心未来的挑战，导致你错过了当下的一切。因为你很难解脱，很难什么都不做，很难享受当下，所以你不仅伤了身边的人，也害了你自己。

本章将鼓励你把自己"伤害"过的人（包括你自己哦）都列出来，并且做好逐一补偿的准备。想想之前可能发生的种种：因为助理忘了把重要文件寄出去，你爆发雷霆之怒；你加班到深夜，错过儿子的钢琴独奏会；伴侣想跟你多点时间相处，却被斥责会"打乱思路"；你没日没夜地工作，然后对上天挥拳怒吼，抱怨一天的时间不够用……

本章要把你带进"人生回顾"之旅。现在，从工位上抬起头来，把手机放在一边，花些时间来做"正念静观"练习：我曾经伤害过谁？为什么伤害他/她？又是如何伤害他/她的？一旦在这场练习中体悟到佛教中的"正思维"，你就会产生一种释然的心态，放下那些真正带来痛苦的根源——对权力、成就和物质的执着，而这些执着往往让你在你与自己、与他人之间筑起了一道无形的墙。然而，一旦你愿意去弥补那些因你而起的伤害，你的内心就会发生变化。届时，你的真诚与脆弱，会让你变得更加慈悲与善良，让你既能宽恕那些你曾经伤害过的人，也能宽恕自己曾经对他们造成的伤害[1]。最终，你定能"如释重负"。

当你想要做这项练习时，首先留心你自己的反应：我是否会排斥？我开始批判自己了吗？练习中的想法对我来说是不是太沉重了？如果可以的话，请你以慈悲心、无碍心和宽恕心，接纳自身的一切反应吧。

完成练习后，给你的家人、朋友、同事及你自己制订一张"弥补清单"，看看这种慌里慌张的生活，究竟给

---

[1] 此处强调宽恕的双重性：对他人的宽恕（释放怨恨）与对自我的宽恕（解脱愧疚）。这种双向和解常见于佛教"自他共解脱"或基督教"爱邻如己"的伦理观中，旨在打破伤害与被伤害的心理循环。

你的身心健康和他人的心理健康带来了多大的伤害。说不定，你拼命工作之后，留下的却是一片狼藉的情感。然后，再想想有没有朋友或亲人因为你无暇陪伴而感到被冷落、被抛弃。如果有的话，赶紧把他们列在清单里吧！同时，你也应该考虑一下：因为长久以来一直在自我伤害，怎样才能宽恕自己呢？鉴于你在本章中勇敢表露、真诚行动，你会感觉到自己越来越尊贵，越来越高尚，越来越受人尊敬。

学会"松绑"

如果无所事事让你感觉既焦虑又缺乏成就感,那么你就很难做到无事一身轻。因此,你可能又习惯于忙起来,从而摆脱这种不适。但实际上,唯有在感到"不适"时试着做点不一样的事,改变才会发生。

下面的正念放松练习,只需要十到二十分钟,就能帮助你摆脱不适。

- **找个舒适的地方安静坐好,然后闭上眼睛。**
- **从脚部开始,慢慢向上,直至面部,让身体的每一块肌肉都得到充分放松。其间,把注意力集中在呼吸上,鼻吸口呼,每次呼气时默念"放松"。**
- **若有杂念突然冒出来,先将其晾在一边,把注意力拉回到呼吸上,继续跟随每次呼气默念"放松"。**

练习结束后,先闭眼静坐几分钟,再慢慢睁眼。别用"成功与否"来评判自己。如果有条件的话,你可以每天练习一到两次。

停止过度挤压时间

你是否经常听到有人抱怨一天的时间不够用?你有没有想过,要是时间能像皮筋一样拉伸就好了?如果是,那说明你对工作太着迷了,无法让生活"顺其自然"。实际上,与其逆波劈浪,不如顺风漂流。如果你试图在一天里挤出更多的时间,最终只能是徒劳。

如果你能在二十四小时内合理分配工作、睡眠和娱乐时间,生活反而更容易掌控。**研究表明,那些能够在工作与生活之间找到一个"平衡点"的"卷王",可以在五十个小时内做完以前八十个小时才能完成的事情**。如果你坚持每天规律作息,那么既可以降低压力,又可以保持效率,同时你将有更多的时间来平衡工作与生活,让心灵放松舒展。

"动口如动刀"

小时候，我们常说，"棍棒和石头可以打断我的骨头，但你的话不会"。事实并非如此。良言暖三冬，恶语寒七月。我们说出的话，往往直戳心灵，既会重创他人，也会反噬自己。与此同时，善意的语言、充满爱的肯定，以及温暖的支持，常常比药物更能治愈心灵。

你平时会用言语去指责别人，还是去疗愈、鼓舞和支持他人？从现在起，留心你的自我独白，看看它们是在砌砖建楼，还是在拆墙毁基。一旦省察自己待人待己的言辞过于犀利，不妨以慈悲的心态想想，怎样才能做出改变。

换个角度看问题

如果把"消极情况"换个角度看,就会发现积极的一面:美丽多于缺点,希望多于绝望,幸运多于失望。一旦明白世间万物"自有其道",你就能开始坦然接受一切,而且知道"好东西"已经在悄悄萌芽了。

可能你有时候会忘记、犯错,或者说了一些不应该说的话。别担心,这些都是人类的天性,但是,若你能自洽而不是自责的话,这些错误就会化作你进步的阶梯。如果你敢于自问"我能从错误中汲取什么教训",你就是在换个角度看问题,也就是在自我提升,而不是在自我贬低。

发现"另一种认知"

保持理性确实难能可贵。其所需的思考、分析与预测的能力，正是奠定职场成功的基石。但是，单纯依靠理性，你的康复之路走不了太远。过于理性就像是一碗汤里加了太多的盐，只会让人难以下咽。

事实上，工作过度往往会让人过分依赖理性。但是，人生中总有一些难题要求你去看看"内心"。如果你想解决感情问题，那么仅仅依靠理性是断然行不通的。

只需少许"直觉"就能给你的人生添上一份均衡。随后，你会发现，自己必须在"理性"与"直觉"之间找到一种平衡——而后者即"另一种认知"。你肯定听人说过，"我心里知道，这样做是对的"。其实，这"另一种认知"就是你的内在智慧，而非理性思维的产物。面对重要的感情选择时，你需要向"内心"求助。这种认知虽然无法解剖，也无法置于显微镜下观察，但它确实寓于体内。

双手创造人生

双手既是思维的奴仆,也是人生的刻刀。看看你的双手,想象它们的巨大威力吧。接着,想象手中正拿着一把刻刀,对着一大团黏土雕刻,而你可以随心所欲地雕刻想要的形状。

实际上,你的双手既有能力塑造"幸福人生",也有能力制造"悲惨深渊"。扪心自问:你有多少次曾把"雕刀"交由他人或事态,让其随意"刻画"?现在,再看看你的手和那团黏土,然后想象自己手握雕琢人生之力。此情此景,内心需要做何思量,才能把想要的生活雕刻出来?用更巧妙的方式工作?多玩乐?多保重身体?修复脆弱的关系?休假?那么接下来呢?

留白的艺术

人生中，有太多的美好，都是"计划之外"的。只要你给人生留个缝儿，它们就会自然而然地钻进来。一个空间被清空后，自然会倾向于用其他东西来填补这个空缺。反观己身，如果你的行程被塞得满满当当、节奏又急又乱，"控制欲"就会把很多美好拒之门外。然而，要是你肯留道缝儿，那些美好就会自然填补进来。

那么，该如何给自己的人生留道缝儿呢？好好想想，你该移除哪些东西，好让自己有成长的空间？是一段僵硬的关系、过时的思想、压抑的情绪、不健康的工作习惯，还是一张凌乱的桌子？

你在无视什么，或在执着什么，让你不能给人生奇迹"留白"？你有没有留出一块让你安然"放空"的区域，好让积极健康的心态、情感和行为重新焕发生机？

别当"压路机"

你是不是经常为了赶任务和截止日期，就轻易推翻他人的观点？你是不是一听到不同的经营思路、付账方式或修剪草坪的建议，就咄咄逼人、寸步不让？你是不是只顾着摧枯拉朽地冲刺下一个目标，却没有停下脚步，听听同事、家人或者朋友的建议？

问题在于，你自认为的"正确做法"并不一定就是最好的。很可能，你为了追求"正确"的工作成果，就抓住所有决策权不放，拒绝分配任务，然后匆忙开始做待办清单上的下一件事。殊不知，一味碾压别人的意见，会让你失去团队协作的能力，无法倾听不同的观点，也很难意识到自己的思想是多么陈旧和不切实际。

要想在工作和生活之间找到一个平衡点，你应该花更多的时间去和别人交流，让自己更好地融入集体，而不是一味投入项目，或者匆忙做出决定。你需要把信息都收集起来，仔细考虑，然后再做决定。当你从"过度工作"中解脱出来的时候，你就不会过早自以为是地下结论，而是学会集思广益。

敞开怀抱，拥抱未知

除了午饭，我们每个人还会带着另一样东西去工位：未知。我猜，你很可能和大多数人一样，期待一切都能预知，因为唯有如此，你才能生存下去。你想要知道"事情是什么时候，在什么地方，怎样发生的"。然而，你却始终无法确定自己能否升职、加薪或者得到好评。

你对待"未知"的态度犹如一把双刃剑，既可以推动成功，也可以毁掉成功。所以，最好的办法就是敞开怀抱去拥抱它，毕竟在这个世界上，很少有像"未知"一样确定的事。常言道"天不遂人愿"，所以我们常常被突发状况搞得措手不及，既失望又受伤。如果不能接受"未知"，你就会与生活不断争吵，而不是真正地感受生活。

当你不再紧抓着"确定性"不放，你就不会向"未知"屈服。这样，你就会有一种安全感，从而提升工作质量。此外，你还可以不断地攻克工作和生活中的各种难题，而不必再陷入自我怀疑之中。

好好想想生活中那些"未知"的东西，然后问问自己，你能不能勇敢地拥抱它。试着把未知当成一种锻炼，将自己塑造成你立志成为的那种松弛自在的人吧。

致敬不完美

事实上，别人并未期望你万无一失，但你却总觉得自己不应该让他人失望，必须"完美"。其结果就是，这种认知上的偏见把你推向极端——大大超过了同事和公司的期望。其实，有时候你认为的"马马虎虎"，已经超出了别人对你的预期。

是时候停止自我苛责了。问问自己，怎样才能从更务实的视角来审视自身能力，并且制订可以实现的目标。要知道，你的"最佳作品"并不意味着"完美无瑕"，而是竭尽全力后的自然呈现。这就已经极好了。

放下自尊

如果"小我"试图在失败、尴尬或错误中保护你，你便可能陷入一种防御性的状态。比如，你向所有人广播自己在雅虎找到了新职位，却隐瞒被亚马逊拒绝的事实。的确，要承认"我错了"或者"我没成功"实属不易，特别是当你已经为此付出许多努力之后。

一个不争的事实是，放下自尊会让人很难受。但是，只要把自尊抛在一边，无论工作还是生活，都会更加顺畅。只有敞开心扉，愿意接受自己的真实和脆弱，你才会感到轻松。说到底，在亲密的同事或爱人面前放下自尊，总比因自己的固执己见而失去他们要好得多。

生而为人，你难免会犯错误，说出一些言不由衷或者伤害别人的话。但是，不必用"自尊"为你的罪过打掩护。摒弃"骄傲自大"，以"谦卑勇敢"的态度面对一切，不仅能让你在职场上更有担当，还能为你的家人带来更多温暖。

从"非黑即白"走向灰色

提起平衡工作与生活,许多"卷王"就开始担心:是不是要大幅削减工作时间、换个岗位,还是说干脆辞职?在这种情况下,有些人可能会说,"我得养家糊口,如果我不干了,你替我还贷款?"这就意味着"要么工作,要么不工作,否则没得商量"。

这种观点也反映了一种"非黑即白"的极端思维,让人看不到事情的灰色地带——难以把握工作与休闲、职场与家庭之间的微妙平衡。这也折射出一种潜在的恐惧:如果我不努力工作了,我的生活将毫无意义,我的人生也就完了。这样的成见使你难以摆脱"内卷",相反,你会变得比以前更执着于通过自己的工作来寻求安全感。

但实际上,工作与生活的平衡跟你的工作时长和职业关系不大。它只是换了一种看待人生的方式,即一种"内在转变"。与其把你的人生局限在工作这一个象限内,不如将它拓展到其他三个象限中:亲密关系、休闲娱乐及自我关怀。奇妙的是,只有在工作和生活之间找到了一个平衡点,你才能实现事业和家庭的双丰收。

幸福始于内心

你很有可能把幸福寄托在工作上,认为只要取得成就、奖励和赞扬,你就会感到幸福。然而,幸福是一项"内在"工程。你是否幸福,取决于你如何看待日常生活中大大小小的事情。只有当你用心去做选择,并且保证"无论怎样,都要保持幸福",幸福才会到来。

很多人都在问:"怎样才能找到幸福?"没人能给出一个确切的答案,因为每个人对幸福的定义各不相同。当然,幸福也不会在某天突然走到你面前,在你的肩上轻轻一拍,告诉你它来了。幸福是一种需要你主动去追求、用心去感受的东西。幸福始于理解自身心态的那一刻,始于无论生活境遇如何,都要自觉选择幸福而不是痛苦的那一瞬。

重拾"空闲时间"

每个人都拥有一段相同的时间,并且都受到限制——每周的一百六十八个小时。算算你一周中花费在工作、睡觉,以及其他必须做的事情上的全部时间,然后把这一时间减去,就可以得出你的"空闲时间"了。接下来,你打算如何利用这些时间,并使之最大化呢?

想要重拾"空闲时间",你可以先给自己制订个日程表,就像安排会议时间一样。当你在日程表中刻意留出空白时,你其实是在选择把"空闲时间"放在首位。这样,你就可以在每个星期都有充足的时间来完成自己渴望已久的事——放松心情,锻炼身体,从忙碌的日常中抽离出来,和家人聊聊天,安静地冥想,练瑜伽,或者看看夕阳和晚霞。

将工作视为神圣使命

你崇拜什么就会成为什么。如果你视"内卷"为信仰,那么就会成为"卷王"。你有没有想过,你的工作除了满足自己持续付出的需求之外,还会带来什么别的影响?一旦你意识到工作中蕴含的"精神价值"和"助人潜力",它就能带你走出日复一日的枯燥循环,赋予你新的活力。

不管你是水电工、医生,还是飞行员,都不妨问问自己:"这份工作是我真心喜欢的吗?""它和我的人生历程是一致的吗?""它是神圣、崇高、振奋人心的吗?"仔细思考一下,在你每天的工作中,哪些是"精神价值",哪些是"助人潜力"。然后,花几分钟想想这份工作在更高层面的意义,之后再思考这份工作会对服务的对象产生什么"神圣"影响。

活得更"放飞自我"

从你上一次"放飞自我"到现在已经过去了多久？对着卧室镜子扭来扭去、在车里扯着嗓子引吭高歌，或者旁若无人般在大街上畅快蹦跳，这些发生在一两个月前；还是一年，甚至十年前？如果时间很久了，那么是什么缘故？是什么让你不敢在自己或所爱的人面前"放飞自我"呢？

你究竟在害怕什么？事实上，"放飞自我"是克服"内卷"的一剂良药。那还愣着干什么？别再自我设限，勇敢起来！想唱就唱，想跳就跳（哪怕是在大街上），就算幼稚一点又有什么关系呢？！

坚持就是胜利

职场犹如没有硝烟的战场：挑战不断，负能量满天飞，毁灭性打击一个接一个。在这种情况下，人们很容易心灰意冷、意志消沉，但只要"坚持"，就定能拨云见日、豁然开朗。换句话说，你可以把注意力集中在那些障碍上，并学会怎样越过它们。

坚持是一切成功之基，唯有坚持方能行稳致远。假如你在每次跌倒后都能再一次重新站起，那么你达到工作目标的可能性就会大大增加，你也能以一种更自信、更果敢、更淡定的心态交付任务。

选择去爱

哈佛一项持续七十五年的研究发现：无论你多有钱，如果没有相亲相爱的关系，你也永远都不会幸福。说白了，幸福的秘诀不在于你有多少人际关系，而在于关系的"深度"和"坦诚度"。

通常，"卷王"会把亲密关系排在最后一位。你是不是也如此？如果是，也许你在处理感情的时候，总是会"留一手"，不愿意让人看到你真实、脆弱的一面。你把工作的截止期限、压力和任务放在第一位，既不接受他的情感投入，也不给予爱的回应。虽然这样做可以让你摆脱对亲密关系的恐惧，但也会使你远离别人，最终把自己单独监禁。

你还记得"选择去爱"吗？下一次，如果你想要在办公室加班，或者星期六要上班，而不是和朋友、孩子或伴侣一起外出，不妨考虑一下"放松"，做个让你更快乐、更健康的选择吧。

庆祝美好时刻

时不时给人生节点来个庆祝，是必不可少的。庆祝让你有机会停下脚步，为人生增添新的意义。要知道，错过了这一次，就再也没有机会了。日后回想的话，你或许会后悔为了参加一场如今已记不清内容的会议，而缺席孩子的第一场足球赛。

想想由于工作繁忙而忽视的重大典礼和纪念日，然后问问自己：现在是否值得投入时间为将来留下更多美好的回忆？哪件事更让人难忘？是每天忙碌的工作，还是与爱人待在一起的时光？

设置界限

为了使工作与生活更加和谐，就必须要有一条"界限"。界限不但使你安全和健康、维护你的个性，而且有助于你发展良好的人际关系；界限也能帮助你把工作与私人时间区分开来，不至于让你的工作时间无限越线，并且在工作压力过大的情况下，还能让你勇敢地说"不"。

有时候，"模糊"的界限可以帮助你在工作与生活之间找到一个平衡点，前提是你要把"模糊"放在工作那边。不同的人，有着不同的生活方式；不同的人，有着不同的界限。比如，有的人一天只工作八小时，周末或节假日都不会加班；有的人要在周末工作，所以他们需要在其他的日子里划清界限。因此，关键在于何时应当"捍卫界限"，何时应当"模糊界限"。思考一下，有没有办法去更好地定义你的工作"界限"。

无"锁"人生

试想一下：无论遇到再大的风险挑战、再多的人事不顺，你都能够岿然不动、冷静坦然。一下班，你就能把工作统统抛在脑后，与自己、朋友及家人共享当下时光，沉浸式体验生活的每一个瞬间——这是多么美妙的一件事？

幸运的是，你可以通过与"真我"和"当下"的连接，来获得这样的自由。特别是，你可以通过冥想，粉碎那些在你离开办公室时，依旧想把你"锁"在工位的"自我对话"。

别对工作"细嚼慢咽"

你是否曾经疑惑,为何某些"松弛自在"的同事可以在一天内完成某些"卷王"一星期也无法完成的任务?究其原因,后者属于"享受型卷王"。他们的行为往往是:行动迟缓、小心翼翼、有条不紊、追求完美主义,内心却总是战战兢兢,生怕最后的结果不尽如人意。他们对细节一丝不苟,甚至连标点符号都不放过,一件别人一小时就可以搞定的事,他们也许要八个小时才能做完;哪怕是即将完成的任务,也要拖延时间,拖慢团队进程。在努力工作方面,他们可以拿"满分",但是在时间管理和任务完成上,只能得个"不及格"。

你呢?你是在工作上花费了更多的精力和时间,还是用更多的巧劲?扪心自问:你是否懂得分派工作?能否安排工作的优先次序?你是否清楚什么时候应该把自己所完成的任务"放下"?你是否能做好时间管理,让自己在保持个人工作效率同时,还可以带领整个团队前进?到底怎么工作,才能在下班后有更多的时间来享受生活?

列清单，审两遍

加班带来的"副作用"包括：忽略家人，漠视别人的需要，抑制亲人对你的关爱、排斥达不到你高标准的人，鄙视那些做事没你利索或者不如你的人。

首先，你要承认自己犯下的错误和自以为是的行为，但是不用过度自责，而是答应自己要进行改变。接下来，请遵循"卷王匿名互助会"倡导的第八步：把那些因为你的不良工作习惯而受到伤害的人列到清单上，并且下决心做出弥补。在列这份清单时，别忘了把你自己也算进去，因为你也被"内卷"的痛苦折磨得不轻。

本章心得

- 留意你选用的语言:是用来疗愈还是伤害?
- 放下自尊,拥抱不完美。
- 学会把日常工作视为神圣使命,用慈悲与虔诚的态度去完成它。
- 列出你因过度工作而伤害的人,并思考如何弥补他们。
- 与家人和同事一起庆祝美好时刻,并顾及他们的想法和感受。
- 翻越障碍,坚持到底,跌倒后再一次站起就是胜利。
- 大胆迈进"未知地带",活得更加"随遇而安"。

第九个月

宽恕与实践：如何与自我和解

原谅他人犯错不难,

但要原谅他们目睹了自己的狼狈,

却需要极大的勇气和豁达。

——杰萨敏·韦斯特(Jessamyn West)

主动认错,大度包容

在这一章,你要尽你最大的努力来弥补你错过的时间,向那些因你过度工作而受到伤害的人道歉,然后宽恕对方、请求对方宽恕,也宽恕自己。而就"放松"来说,在本章,你可以把旧账一笔勾销,这样你就能在工作和生活之间保持平衡。

有多少人对自己伤害过的人心怀愧疚,却从未做出过任何补偿?我想你一定也有过类似的经历。我可以想象,当你想到采取补救措施的时候,你的下巴惊得都快掉下来了,胃里也翻江倒海。不过,这样的风险还是值得的。因为不断地自责只会使你每天的生活充满悔恨,耗尽你的能量,使你陷入负面情绪。相反,向对方道歉并互相原谅可以使你摆脱过去的束缚。当完成了这一切,你就会卸下你身上的重担,取而代之的是一种宁静与平和。

在本章里,你可以考虑怎样以佛教所说的"正业"来安排你的人生。"正业"意指不伤人,善改己过,修心养性,圆融自在。想一想你的"旧伤"是什么。你能做些什么来弥补呢?你应该向谁说一声"对不起"?是用行动补偿，还是直面过往的亏欠？你有没有因为一些事情而感到羞愧、担忧或内疚，所以需要别人的宽恕，比如说，你曾经非常惹人厌，或者背后说别人坏话，又或者在亲人最需要你时却不在？是否曾因言行伤人、背后议论是非，或在亲人亟需时缺席而深感愧疚，从而渴望他人的宽恕？

当然，你不可能把所有伤害过的人都找出来，然后一一补偿。但是，对于那些不能直接补偿的对象，你可以承诺在未来的日子里给予更加"走心"的情感体验。即使害怕，也要试一试不同的方式，享受自己成长和蜕变的成果。带着慈悲、怜悯和宽恕，你就能够直面"过去的遗憾"，而这种能力正是平衡工作与生活的基础。

如果你更愿意看到"弥补"中的"机遇"，而非"恐惧"，那么阅读本章将可能成为你"逆转颓势、走向轻松"的大好时机。问问自己：愿不愿意在情感上赌一把？不然，你怎能知道在"踌躇不前"的背后隐藏着怎样的惊喜和美好？

给关系"除草"

你会不会因为关系太熟而随意地对待,把对方视为"可有可无",如隔夜剩菜或一双旧鞋?或者,在忙碌了一天之后,你会不会把和别人的交流当成一种"工作负担"?

不妨把那些特殊的人际关系想象成一座生机勃勃的"魔法花园":花开荼蘼、玫瑰怒放、果蔬茁壮成长。若想花园永葆繁盛,就得定期给它除草、浇水、施肥、晒太阳。同样,人际关系也需要关心、支持、同情、促膝长谈、鼓励和宽容。因为人与人之间总是会有要求、逃避、压力、责备、分歧或指责,而你恰恰可以通过"花园养护"的方式将其化解。每天问问自己:"我今天给我的'花园'做维护了吗?"花点时间给关系"除草",就能让你付出的努力、汗水和泪水换来丰厚的回报。

捍卫"平衡"

当心,"平衡掠夺者"无处不在:它们会闯入你的生活,引发"内卷",耗尽你的精力,降低你的生产力。你是不是为了完成更多的任务而经常熬夜?是不是习惯把工作带回家去做?是不是全天候待机、二十四小时随叫随到?长此以往,你的身体会一直处于高度戒备状态,直到你精疲力尽,成为一名牢骚满腹、效率低下的职场"牛马"。

即使你不是一个"卷王",你也会觉得在工作与生活之间找不到平衡。一支由加美两国研究人员组成的团队发现,近一半的美国职场人将工作带回家,其中许多人坦言"工作妨碍了家庭、社交和娱乐"。

花几分钟来想一想你生活中出现的那些"平衡掠夺者"吧。然后,列一张清单,把它们造成的伤害都写下来,并在每一项旁边标注合理的界限设定方法,然后再给你能执行的方法打钩。这样,你就可以在工作和生活之间找到一个更好的平衡点了。

练习同理心

想象一下,你满怀期待地去了一家高级餐厅,跟一位特别人士共进烛光晚餐。柔和的灯光,舒缓的音乐,让你俩之间的谈话十分惬意……可是,服务员却一副不耐烦的样子。面对此情此景,你是否很愤怒?大多数人会说"是的"。但很快,邻桌的一位客人走了过来,对你说:"这位服务员的儿子刚刚在车祸中丧生,可她又是个单亲母亲,只能硬着头皮上班。"这下,你不觉得愤怒了吧?大部分人的回答都是"很难过""很抱歉"或"很同情"之类。

怎么回事?怎么一下子就从愤怒变成了同情?服务员还是那个样子,但你对她的态度却发生了很大的变化,这是因为你共情了她内心的苦楚。如果不是这位邻桌的客人提醒了你,你可能会一直气下去。

虽然我们不能总是知道别人的内心活动是什么,但我们深知,大部分人都在经历着某种内心的挣扎。同理心可以使我们产生共鸣。不妨少一分批判,多一分温柔,培养"同理心",不知不觉中,我们就会给予别人更多谅解。

对"唱衰者"说不

我们当中有多少人会因为脑海当中的消极声音而放弃？又有多少人会因为他人的唱衰而却步？如果你属于其中之一，那么现在就该重拾自信了。

如果被"唱反调"的话语分散注意力，你将无法听到成功的召唤。无论你是想平衡工作与生活，还是学会放松，或者是达到一个合理的工作目标，这些消极的声音都会妨碍你。别让他人的消极思想左右你的希望与梦想。你的命运掌握在自己的手中，既不受别人唱衰的影响，也不受脑中悲观独白的干扰。

活得"全心全意"

所谓活得全心全意,不是一定要事事尽善尽美,而是知不足却尽所能。它允许你有时候变得脆弱、恐惧,同时也让你知道,自己仍有勇气。下面八个以 C 开头的关键词,可以给你一点灵感:

- Courage(勇气):**虽然前途未卜,但仍有勇气继续前行。**
- Compassion(同情):**无论在什么情况下,都能同情自己和别人。**
- Connectedness(联结):**与同事、亲人及自己保持联结。**
- Clarity(清晰):**让清晰思路指明实现工作与生活平衡的方向。**
- Calmness(冷静):**保持冷静,既不沉溺于过去,也不担忧未来。**
- Curiosity(好奇心):**以好奇心去看待同事或自己,不要急于下结论。**
- Confidence(自信):**自信做事,不被过去的失败或未来的恐惧支配。**

- **Creativity（创造力）：保持创造力，让思绪自由流淌，享受灵感迸发的快乐。**

想想以上八个"C"中，哪个会使你生活得更加自在圆满？下一次，当你为自己的错误和失败而自责的时候，不妨用其中的一项给自己打气，看心情会怎样变化。

无须急躁

你可能会有一种今天必须把一切完成的感觉,但实际上很难全部完成。一味地追求完成,就会牺牲质量。然而,当你客观地审视待办事项清单时,你会发现原来那些必须立刻做完的想法其实是你的一厢情愿,然后才意识到没有什么事情是需要立刻完成的。归根结底,只是一种错误的认知在逼着你高负荷运转,去追赶你"自定"的截止日期。

常言道,好事多磨,而要事也需多磨一磨。想想,大自然的很多进程都是需要时间的:花草不能拔苗助长,四季循序更迭,科罗拉多大峡谷的形成也经过了几千年的时间。所以,你要时刻提醒自己"事要多磨",让工作按照自然的节奏进行。这样,你就可以放慢速度,减少不必要的压力。

自我舒缓解压

我们不会对亲人或同事说"清醒点儿""别矫情"之类的尖酸刻薄的话,却常常对自己这么说。事实上,言语的力量是巨大的,有时严厉的自责比外在的压力还要伤人。

然而,自我安慰却能帮你应对一些重大挫折,比如丢了工作、超过了最后期限,或者错失了升职的机会。另外,鼓励的话语和积极的自我暗示,也可以帮助你应对面试、公开演讲或项目竞争之类的高压情境。

回想一下,当你情绪低落的时候,你会不会用自我苛责给自己"补刀"?不妨下决心对自己说些友善的话。你平时如何温柔地对待别人,就如何温柔地对待自己吧。然后,你会发现你的自信、心理韧性和幸福感都因此得到了增强。毕竟,"善意,是唯一能让聋者听见、盲者看见的语言"。当你发自内心地安慰自己时,你将获得更多外在支持和更多放松时光。

要有"先见之明"

有些"卷王"为了完成更多的任务,往往会仓促地做出决定,或者寻找捷径,急得就像是热锅里扑腾乱跳的爆米花——在没有充分调查的情况下,就迫不及待地开工,或者低估了项目需要的时间,导致草草收尾。事实上,在没有充分准备的情况下,很容易犯下不必要的错误,后续需要花费更多的精力去弥补善后。

而具备先见之明,就能省去很多麻烦,也能让你知道自己的目标和方向。否则,连目的地在哪儿都不知道,又如何能知道自己走错了路?与其盲目摸索,不如提前做好准备,最终你才能顺利抵达目的地,并获得更多的闲暇时间。

活在当下,也不要忘记思考未来。"专注今日"与"筹划明天"之间并不冲突。不妨复盘一下,在设定目标和规划之前,若你能深谋远虑,结果是否会好很多?

爱笑的人运气不会太差

这听上去似乎很简单，却是一个科学事实：你的表情可以影响你的心情。如果你皱着眉头，那不仅仅是因为你的心情不好，更重要的是，皱着眉头会破坏你的好心情。

同样的道理，一个"微笑"能使你感到更幸福。哪怕是装出来的，心情也会变好，压力也会减轻。同时，你的同事和家人也会对你的笑容做出积极的反应。研究显示，面部表情可以触发特定的神经递质，从而改变脑部的化学环境。事实上，一些注射了"肉毒杆菌"美容针后无法皱眉头的人，总体来说比那些会皱眉头的人幸福。

因此，当你感到沮丧的时候，不要苦着脸，试着微笑。你甚至还能"假装"笑一笑，开启愉快的一天。哪怕是装出来的，笑一笑，也能缓解压力、提升情绪，还能让同事们的心情变得更好。

专注"无常"

凡是有形之物,最终都会腐朽消失,我们亦然。专注"无常"可以助你看到今天的珍贵:今天有什么事是你必须要做的?你愿意与谁共度时光?又想怎样度过这段时光?

当你向自己提出这样的问题时,你将意识到"明日不可知",因此你会更加珍惜当下的每分每秒,从而更加感激现在拥有的一切,不会因为匆忙地去做下一件事而忽视了眼前的所有。

回想一下你在每天的忙碌中遗漏的东西,然后想一想,如果今天是你生命的最后一天,那你将怎样度过它。

调校你的"压力指针"

通常,真正压垮你的并非压力本身,而是你对压力的反应。如果你一直被压力牵着鼻子走,那就相当于浸泡在皮质醇和肾上腺素的"双料毒汤"里,会对身体造成持续的伤害。

不妨用"压力指针"(我自创的)来跟踪你的压力,看它是如何随着时间而改变的。具体来说,想象一张 0~10 的量表:0 表示完全没有压力,10 表示压力大到爆炸。

打个比方,当你完成一份高强度的报告后,你的压力指数可能只有 3(0~3 表示无压力);但是在上个月的重要工作面试中,你的压力指数可能会飙升到 7 或 8。如果你的指针在 4~7 和 8~10 之间徘徊,那你就可以用"工具箱"中的简单方法来缓解压力了:深呼吸、冥想、运动或者瑜伽。从现在开始,对比不同的情况,找出哪些因素最容易引发你的压力。

遵循自我关爱的"十诫"

遵循自我关爱的"十诫",能让你大幅提升工作与生活的平衡感。请阅读以下"十诫",然后看看你已经完成了哪些,又漏掉了哪些。

1. 定期锻炼,健康饮食,保证足够的睡眠与休息。
2. 至少把四分之一的时间花在欢笑与娱乐上。
3. 无论在工作中,在家庭中,还是在娱乐中,都保持正念,活在当下。
4. 对自己充满尊敬和同情。
5. 加深与家庭、朋友和自己之间的联系。
6. 把兴趣和天赋拓展到日常工作之外。
7. 始终保持乐观自信。
8. 不再单纯批判"内卷"的问题,而是以一种好奇的态度去探究其中的根源。
9. 经常进行冥想与沉思,维持内心的宁静与觉知。
10. 避免过度加班,力求在工作和生活的各个方面保持平衡。

别再制造"混乱"

很多人都是在充满矛盾的家庭中长大的,因此对混乱习以为常,甚至沉溺于"冒险刺激"。他们寻求工作上的压力,或者自行制造职场危机,然后以"扑火"(过度工作)的方式,获取肾上腺素飙升的快感。

你的生活是否麻烦不断,一个接着一个?如果是的话,那么可能是因为你把计划安排得太满了,完全没有为生活中的"随机事件"预留空间;你计划得太多,眉毛胡子一把抓,定下不切实际的截止日期,不肯及时下班……有时,你可能没意识到自身已经深陷水深火热之中,而你却在火上浇油。要知道,就算你的人生看起来崩溃了,并不代表你就一定要跟着崩溃。当你缺少自省和定力的时候,人生很容易失去控制。

试着抛开世俗烦恼,以自在豁达的心态审视自己陷入的"混乱"。然后,问自己:"这样的混乱能让我得到什么?是安全感?成功感?控制欲?还是存在感?"一旦你找到了根本原因,请尝试用积极的方法减轻突发事件给你带来的影响,避免过度劳累,这样你就能在工作和生活中都获得满足。

减少"恩怨纠缠"

恩恩怨怨是一种毒药。当你固执地站在别人的对立面,就像是挡住了自己心中的一个阴暗角落,让阳光无法照射进来。如果你一遍又一遍地说"对方怎么对你不公、怎么惹你生气","黑暗势力"的范围就会越来越大。事实上,把怨气憋在心里,会让你亲口喝下皮质醇和肾上腺素熬制的"毒汤",直至最终喘不过气。

审视一下你的"内部情感地图",看看你和多少人发生了冲突!你是不是怪自己不够努力?嫌孩子不争气?还是怪同事办事不力?这些恩恩怨怨真的那么重要吗?又有多少有毒的情绪等着你去发泄?

你可以通过冥想找出化解这些恩怨的办法,并且下定决心,不再去"喂养"你灵魂里的黑暗魔王。或许你可以试着把这些恩怨转化为"爱与宽恕",从而打通你的康复之路。

宣告你的价值

很多"卷王"都坚信，一个人必须要有足够的能力才有资格生存下去，如果不能创造有价值的成果，那么人生就毫无意义。有了这样的羞耻感和自我厌恶，这类人就不可能只工作"普通时长"了，他们总觉得想要得到认可，就必须付出比普通人更多的努力。这样一来，他们就不再是有血有肉的"人"，而是"人型执行器"。于是一种悖论就此形成：做得越多，才越有资格。

但是人生来就有存在的资格。所以，你其实无须超越所有人，也依然能够收获内心的安定。你既可以选择整天为这些不切实际的要求而奔波，也可以选择专注于尊重真实的自己。

花几分钟想一想"出生就有资格"这一观念，然后尝试思考一下：如果我每天都秉承这一观念，我的工作习惯会发生什么变化呢？

别当一片"湿落叶"

在日语里,nure-ochiba(意为"湿漉漉、紧贴腿的落叶")用来形容那些退休后不知所措、在家闲晃,就像粘在鞋上的湿落叶一样,跟着妻子走来走去的"卷王"丈夫。当然,这是一种带贬义的说法。

不少美国人也提到,他们的"卷王"伴侣一到假期或退休,就会变得不知所措。这是因为他们已经习惯了从早忙到晚,现在不知道怎样才能融入家庭。如果你也是这样的话,那么你很可能也会感觉到自己是个"局外人",习惯了不参与家庭事务,久而久之,就会被家人排斥在"内部圈子"之外。当你在多年缺席后试图重新参与家庭互动时,你会发现家人早已形成默契,对你突如其来的改变充满抵触。于是,你又回头投向那位老友——工作。如此循环往复。

要想不沦为那片赶不走的"湿落叶",就思考一些可以在家中执行的正念行动吧。

别再死守痛苦

"卷王"的一个特点是控制欲过强。如果你坚持做每一件事都要按照自己的要求去做,那只会给自己带来更多的痛苦。举个例子。一位旅客错过了机场转机,于是怒气冲冲地去找航空公司,结果被告知飞机失事,全员罹难。结果可想而知,那位乘客感激涕零,直接跪在了地上。

实际上,痛苦来自你对"确定性"的执着,但是你没必要卡在那里。想要摆脱这种"卡定"状态,不妨先向后退一步,看看你的处境。当事情的发展不如预期时,尝试带着好奇心观察自己内心的应激反应,但不要真的去做出反应,然后提醒自己,你看到的只是冰山一角,很多事情超越你理解的范围,所以有些事情可能看起来很糟糕,实际上却会把你带往一个难以想象的高度。

你可以通过冥想拓宽视野,尝试去接纳更多的可能性,发现一个别有洞天的世界。勤加练习冥想,不但可以缓解内心的痛苦,还可以让你活得更加率性而为、潇洒肆意。

给心情来个"自定义"

如果你就职于一家机构,很可能会面临雇主提出的无数要求,时间长了,你难免会感到厌烦、失望,甚至怨恨。但是,你每天的心情和目标其实都掌握在你自己的手中。

研究表明,早上的心情往往会影响人们一天的表现。所以,在开始工作之前,你可以自定义一下你今天的心情,让自己充满活力。比如说,你的老板希望你每天给一些陌生客户打电话,那么你可以专属定制一个私人目标——发掘出每位客户身上的一个闪光点。

如果你以"自信、平静、积极"为主题,设下切实可行的私人目标,那么,你就可以将个人的行动融入公司的工作。这些私人目标将时刻提醒你,让你时刻保持动力。就算最后没达成公司目标,你依然可以享受自我实现的喜悦。

发挥你的"创意本能"

想要在创作中激发创造力,本质上要求有一颗开放的心,容许无限可能,跳出思维框架。这种创造力可以把你从纯粹的理性分析(这里正是"自我批评家"的藏身之处)中解脱出来,转而投入直觉智慧的怀抱,从而在一个全新的维度上做出更加健康有效的决策。

创造力、清晰的思路,以及敢于放手的勇气,三者相伴而生。而创造力,又让你随生活的起落翩然起舞,步入和谐平衡的理想状态,拥有"巅峰时刻""身心合一"和"充盈旺盛"的生命体验。当你发挥创造力的时候,你不会强行推动事情发展,而是让它顺其自然,自由发展。

想象一下,如果每天的工作都变得有趣、有参与感、有创造力,那将是怎样一种体验?不妨想一想那些能让你更加全身心地投入创作过程的正念措施,然后再为自己制订一个"何时何地"去实施这些措施的计划。

先照顾好自己

问问你自己，你经常为了照顾别人的感受而把自己的需求放在一边吗？你是不是甚至把周围的人都吸引过来，集中精力去"救援"对方，而忽略了自己？所以，当你去听讲座时，第一个浮现在你脑海里的想法，很可能是"这个道理非常适用于我的伴侣或朋友"，从没想过先让自己从中受益。

我们经常被教导要"舍己为人"，同时认为牺牲才是美德。但事实上，如果你真的想要帮助别人，那在帮助别人之前要先照顾好自己。如果你为了帮助他人而牺牲自己的健康（包括营养、休息和锻炼），就很容易导致过度劳累或精神崩溃，因此很难再去伸出援手。如果你的日程已经排满了，那就需要"自我关怀"了：做一些能让你开心和充电的事情。

如果同事要求你去做一些你并不喜欢的事情，要勇敢地说"不"。如果朋友利用了你的善意，要坚决地表明自己的立场。如果你的家人总是让你擦屁股，你也要学会拒绝。有时候，真正的关心就是划出一条线来保护你自己。只有先爱自己，才能去爱别人。只有把自己放在首位，你才能更容易把爱传递给别人。

请求宽恕

你犯下的过错虽然不能完全消除，但是可以弥补。"卷王匿名互助会"的第九步讲的是"弥补与和解"。这鼓励你积极地去弥补那些因为你的"狂卷工作"而受到伤害的人。这一举动，可以让你的心平静下来，让你摆脱悔恨的枷锁。如果你诚恳地向他们道歉，请求他们的原谅，你会突然发现，你心中的那个小孩已经成长为一个成熟稳定、勇于承担的大人。到那时，你不但会重拾自尊，还会得到别人的尊敬。

学会宽恕也是成功康复的标志。但同时，你也要主动宽恕自己。只要你懂得豁达，就没有什么能打败你。想想看："我曾经因为工作过度而伤害过谁？我要怎么弥补？"能直接弥补的，都尽力弥补。如果这份弥补有可能造成新的伤害，那就不要勉强。当然，你也必须给自己留一份宽恕。

本章心得

- 找出"夺走平衡"的因素,不要让它们有机可乘。
- 让八个"C"助你实现自我整合,过上全心全意的生活。
- 拒绝给自己设置不合理的截止日期。
- 以微笑开始一天的工作,即使刚开始是装出来的,时间一长也可以"假戏真做"。
- 既要活在当下,又要警惕"无常"。
- 遵循自我关爱的"十诫",使工作与生活更好地整合。
- 积极融入家庭,别总是袖手旁观。
- 向那些你曾经伤害过的人道歉,请求宽恕,同时也宽恕那些伤害你的人。

第十个月

坚守与改变:如何持续滋养自己

一遇到痛苦,就想逃走;我们永远都不知道,

当我们跨过那道墙或那可怕的障碍后,

会有什么在等着我们。

——佩玛·丘卓(Pema Chodron)

继续前行,迎接"新常态"

本章的主题是,巩固你为克服旧习而建立的"新常态"。

你发现同事们会正常上下班,会带着家人去旅行,还会参加孩子的学校活动,但他们所取得的成绩却丝毫不逊色于你。这场景怎么不对劲?想必原因你很清楚,这是因为大脑在捉弄你,并在你未曾察觉的情况下,扭曲了你的想法。

在本章中,你将继续致力于先前的正念练习,让人生平稳运行,而不受负面情绪、控制欲、愤怒等坏习气的影响。你也将继续反省自己,错了就立刻承认,不再重蹈"卷王"的覆辙。

同时,你会清醒地认识到,自己没有必要背负"拯救世界"的重任。也许到了这个时候,你不必再为结果苦苦挣扎,而是尽力而为;那些让你焦虑、执拗和急躁的事,也都成了过去式。你会继续提醒自己,你可以改变自己,但不能改变他人。你不会让那些因时间紧迫而产生的"小灾难"把你好不容易建立起来的"宁静"给破坏掉。你会继续放慢节奏,改掉工作中的坏毛病,并通过冥想、正念饮食等，以求心安。

虽然很多问题还是老样子：老板会不会毙掉我的想法？我能赶上最后期限吗？我能按时回家吃晚饭吗？但现在，你可以用好奇取代评判，自问："我怎样才能换个角度看待这一难题，并从中受益？"然后，你以为的"老板不信任我"或许会转变成"是我对自己不够信任"。

渐渐地，你会放下自己的成见，不再妄下结论。你再也不会为了完成工作而匆匆忙忙地赶路，狼吞虎咽地吃东西，或者干脆不吃东西了；再也不会对前方慢吞吞的司机竖起中指，也不会对"干得太慢"的同事大声呵斥。而你那些小题大做、让自己焦躁不安的习惯，也会渐渐随风而去。

当然，你可能还未察觉，但是随着时间的推移，这种"新常态"就会"重新布线"大脑结构，帮你建立起一种更健康的自我调节模式，使你能自然保持冷静，让你在工作和生活中都能游刃有余。

用冥想让脚步放慢

正念冥想可以让人平静下来,就像医学界曾依赖药物去降低心率、调节脑电波、提升免疫力一样。练习下面的"当下冥想",可以帮助你更多地关注自己的身体、心灵与精神。

- 闭上双眼,以"慢镜头"的方式来演示你的一天。
- 让一天的事项在你眼前按序开展,自然进行。从起床开始。想象你在悠闲地做着晨间例事。看看自己如何在洗漱、吃早饭、开车时,都保持在"当下",让自己一次只专注于一件事。过程中,留意你"安然当下"时的身体感受。
- 当你与身体建立深入联结时,看看它以前没得到什么。然后,反观内心,看看它想要什么。
- 最后,想象你正在一个一个地满足这些需求。

先改变自己

现在,我相信你已经习惯了"卷王"总是试图操纵别人和周遭环境这一现实——这也解释了为什么你喜欢工作:你能(或自以为能)控制它。

但说实话,改变自己就已经相当困难了,更别说去改变别人。想象一下,你正在过马路,而你的注意力只集中在你的一边,至于另一边你几乎无暇顾及。实际上,人生亦是如此,你对自己的关注越多,对自己的人生就越有控制力。

如果你发现,自己在大事小情上都想干涉别人的决定,你也许会惊讶,自己给同事、朋友、家人带来了巨大压力。这样做不但没有效果,还会在你日常工作的基础上增加另一层"工作"。问问自己:"我在对哪些事情做无谓的抵抗?到底是什么让我执迷不悟,让我还在'死磕'?如果我就此放下执念,人生会不会轻松许多?"

向支持你的人说声"谢谢"

虽然大多数成绩都不是我们靠一己之力取得的,我们却常常忘了向那些给予我们帮助的人说声"谢谢"。事实上,你周围有许多人,包括你的伴侣、朋友和同事,都明里暗里地帮助过你。当你夜以继日地工作时,可能是爱人和朋友帮你分担了家庭和经济上的压力,可能是父母和邻居帮你解决了难题,也可能是保姆帮你把家里收拾得井井有条。

表达感激的方式有很多。比如,一次温暖的善举、一顿特别的晚餐,或一次倾心的交谈,甚至是一张贺卡。想一想,是谁一直在帮助你?你准备如何表示感谢?未来的打算是什么?

自信,但不咄咄逼人

职场中,冲突和分歧是不可避免的,不过你大可不必针锋相对。毕竟,你更希望同事和客户主动认可你的观点,而不是被动碾压式地接受。

但有的时候,确实得提出质疑。当你一定要这样做时,"自信"这条中间路线会比"攻击"或者"被动退让"要好得多。这需要你主动聆听,尊重他人的观点,并乐于接纳异见;你不会一味地自卫,而是友好、体贴、尊重他人,同时又能坚持自己的立场。

事后再反思一下:"我做得怎么样?还有什么可以提升的?"

稳定"压舱石"

如果你先往瓶子里放小石头,后续再想放大石头进去,就很难了。但是,如果你先放大石头,小石头就会自然而然地填补空隙。这件事告诉我们:世间万物,皆有优先顺序。如果你真正洞悉什么才是最重要的,你将很有可能在工作和生活之间找到平衡。所以,你一定要好好考虑一下,弄清楚生活中什么事情最重要。仔细考虑后,把它们按顺序排好,然后再以你爱的人为出发点,而不是以工作为出发点。

问问自己:"我心目中的'大石头'是什么?我又是如何以它为基础来设计编排人生的?"

卸下你的本能防御

有时候,我们难免被愤怒或暴躁支配。这是人类的本能反应,不代表你就是坏人。事实上,当有人让你愤怒或者伤害你的时候,你的神经系统会本能地进行防御。

然而,只有在面对"生存威胁"时,我们才应该采取防御措施,正如胸廓保护重要的器官一样。现实中,这种威胁并不多见,但你还是会本能地去面对。比如,配偶想要离开、升职失败、孩子学习不好,这些都被你当成了"生死攸关"的警报。

换个角度想一想,如果你愿意尝试"卸下防御",接受新的经历呢?你可以问自己:"我在防御什么?如果我能够开放地面对当下的每一刻,那又会怎样呢?"

想象一下,如果你能自由自在、勇敢无畏地度过每一天,那你的世界将会变成什么样子呢?

试着多说"好"

你是否经常下意识地对别人的请求说"不"而非说"好",尤其是这些请求会干扰你的工作时?如果是的话,那么久而久之,无数次小小的拒绝将充斥你的生活,使你和外界隔离开来;而偶尔几次欣然应允,却能积少成多,为你开启足以改变人生的全新世界。

不妨做个这样的小统计:拿出一天来,留意一下自己拒绝了多少请求、机会、邀请或问题。例如,聚会、下班后的同事小酌、朋友聚餐以及家庭聚会等。

与此同时,把每次说"不"的原因都写进手机备忘录。一天快结束的时候,算一算,你有多少次为了"工作"而说了"不"。接着再来看一下,有多少个"不"原本可以成为成长或结交新朋友的机遇。扪心自问:"我因为执着于'既定生活',错过了多少本该拥有的美好?"也许,正是你当初的那个"不",才让你吃了那么多苦。这,本可以避免。

别做"卷王"

你是不是动辄一周工作超过四五十个小时,午休时间也不休息,在工位上草草对付两口午饭,甚至周末和节假日都在忙着处理工作,而且一离开办公室就紧张兮兮,坐立不安?

这就是"卷王"的特征。如果你是个"卷王",就会借工作为由逃避个人问题。在你看来,工作才是生活真正的舞台,这里藏着各种情节与情绪,从而让你有了一个远离生活无常、避开恼人情愫和责任的避风港。当你通过疯狂工作来逃避不愉快的事情时,其实内心只是想要找个地方躲起来罢了。颇具讽刺意味的是,比起你试图逃避的事情,这反而带来了更多压力。

如果你能合理安排工作,你就会懂得什么时候该做什么——你会给予家人和朋友充分的陪伴,将工作视作一项必要且能带来成就感的责任;如果你是个"卷王",你就会过度依赖工作,拼命想要逃避一些无法面对的事实。

所以,你是在安排工作,还是在滥用工作?你是不是在逃避一些本应去解决的事情?

调整你的心态

犹记得初到威尼斯，香气四溢的佳肴、古色古香的建筑，还有那随着古老旋律在运河中悠然摇曳的贡多拉[①]，都令我心醉神迷。但是在离开前，我看到了开裂的道路、炎热的天气、污浊的空气、漂浮在运河里的垃圾，以及老建筑上杂七杂八的涂鸦。难道威尼斯已经变了？并没有。威尼斯依旧是那个浪漫而富有魅力的城市，唯一的不同，是我的心态发生了变化。当我明白了这个道理，才重拾最初的观感。

如果任由这种心态发展下去，我就会陷入消极情绪，陷入自我挫败。不妨考虑一下：你目前对哪件事、哪个地方，抑或哪个人，需要调整心态？一旦想清楚了，你便每天都可以抽出一些时间去刻意改变心态，直至乐观情绪发酵，紧张症状消退。

[①] 贡多拉，是一种轻盈纤细、造型别致的小舟，已有超过一千年的历史。

要是能重来

唯有在死亡面前，我们才会更加关注当下的活法。突然间，你可能会想要换个新活法，让人生变得更有意义。其实，我也想过，如果人生重来，我会作出什么改变？

我想，我会放慢脚步，少工作，多享受；我想，早上起来的时候，第一件事不是叠被子，而是看日出，听鸟鸣；我想，我会不再苛求完美，只说真话——即便有人会因此不快；我想，我不会沉迷社交媒体，而是多跟至亲挚友进行面对面的心灵沟通；我想，我会多放飞自我，既顺其自然又无所畏惧，哪怕是与别人拼车，也能旁若无人地放肆高歌；我想，我会赤脚走在雨中，任由雨滴落在身上；我想，不需要生病，我也可以请假，不担心世界离了我会就此停摆；我想，我会在床上抱着爱人，而不是电脑……我会明白，工作固然重要，但比不上我一路走来错过的那些美好。所以，扪心自问，如果真能重启人生，你会怎样来过？

回首来时路，且看进步长

不管是解决人际关系、攒钱、减肥，还是完成一项任务，如果你总是忙忙碌碌、心急火燎，很可能就会跳过令你迷茫绝望的"中间阶段"。事实上，在追求目标的过程中感到迷茫是很正常的事情。这时候，只要你能够认识到，要想取得进步，必须经历力所不及、捉摸不定和沉吟不决这些阶段，你就能更加自信地坚持下去。的确，行至中途，总感觉进展缓慢，我们很容易因为"目标尚远"就会想要放弃，却忘了自己"已走多远"。

回首来时路，其实进步就藏在那些看似不起眼的瞬间，它往往悄然发生，点滴累积，有如涓涓细流汇成江河。所以，学会认同自己"已走多远"比仅仅停留在"目标尚远"上更能体现出你的进步。比如减肥时，你要看到自己减掉的五斤，而非一味叹息还有十斤没减下去；想要改善一段关系，不要问："是否一切都很完美？"而要问："现在的情况是不是更好些？"

停止"挑刺"行为

你有多少次发现自己在对他人甚至自己吹毛求疵？这就好像你在给自己找不痛快或发火的借口，一门心思要拿别人的错误和无能把人家逼入绝境。试问，如果同事遇到了挫折，你是否会感到更安全、更有掌控感？同事表现得越笨拙无能，你是否就觉得自己越能干？

如果你是出于工作的原因对事物进行评估、评定并给出建设性批评，这是无可非议的；不过，如果你是为了掩饰自己的不安，而在别人面前表现出一种令人厌恶的优越感，那就另当别论了。一个不争的事实是，大部分人都想尽力做到最好。但如果你总是吹毛求疵的话，那么最好先问问自己："我这么做是为了什么？权力？安全感？自我价值感？还是单纯为了报复？"

别忘了，生而为人，皆有缺点。正是缺点才造就了今天的你。如果你是个"挑刺专家"，那么现在不妨转行做个"优点猎手"吧。

继续"自我检视"

"卷王匿名互助会"的第十步说:"我们继续自我检视,一旦发现错误,马上承认。"这是对第四步"觉察自身感受,并对言行负责"的延续。

人生的头等大事就是让生活变得更加美好。为此,无论是在职场还是在家庭,你都应该营造出坦诚且开放的氛围。你要养成"反求诸己"的习惯;既要大方承认自己的错误与不完美,又要不为以往的过错寻找托辞和借口。同样,如果同事或亲人犯了错,你也要做到不偏不倚。当然,你还要持续宽恕他人与自己,同时制订合理的日程安排和截止期限,从而减轻压力、提升效率。

请牢记,人无完人,人生就是一个"边错边学"的过程。只要你每日检视、及时认错,就能拥有健康的身体、强大的心灵。要是你能把内省当成一生的功课,那么,你一定能在风云变幻的职场中淡定从容、松弛自在。

本章心得

- 每天花五分钟冥想，让思绪平静。
- 感谢那些在你昼夜不停地工作时仍然支持你的人。
- 做人应当果敢自信，切忌咄咄逼人，亦莫消极被动。
- 如果你有说"不"的习惯，那就尽量改说"好"吧。
- 放下不必要的防备，敞开心扉。
- 当你想着"目标尚远"时，不妨回头看看"已走多远"。
- 想要挑刺时，改成"找优点"。
- 继续检视自身的错误与不当，错了就及时承认。

第十一个月

灵性觉醒：如何连接自我的力量

松弛感不是一种行为,而是一种心态,

一种处世之道。

强化意识，升华联结

你已经完全意识到，过去那种快节奏的生活方式伤害了你。当你认识到这一点时，你就已经没有退路了，就像牙膏，挤出来就回不去了。

在前十章中，所有的练习都是为了本章而做的铺垫——你不断提升的意识为更高层次的精神觉悟提供了养分，让你持续寻求更高层面的意识联结，你会发现，你所做的事，不单源于思想，更源于心灵。得益于之前的正念练习，你不仅能敏锐地感知他人情绪，而且对自身情绪与内在智慧有了更精确的把握。这种内在的转变也反映在你外在的行为上。

渐渐地，你会给家人和朋友更高质量的陪伴，因为你真正乐在其中；你再也不会对慢腾腾的超市收银员冷嘲热讽，因为你懂得她已尽力做到最好；你会肯定同事取得的优秀成绩，因为这是他们应得的；你也会提醒朋友们，不要太拼命，而应劳逸结合、松弛感拉满，因为你是真的在乎他们；你会重视自己的需求，因为你值得被重视；你会向家人道歉，因为你知道自己以前的强硬方式确实不对；你会帮忙分担家务，因为你也是这个家的一份子；你会参加孩子的音乐会或足球赛，因为你关心孩子的生活，就如同关心自己的生活一样。

在本章，你要问问自己："还可以做出哪些改变，让人生更充实、更健康、更有温度？"同时，你会反思那些被你忽略的地方，并愿意走出舒适区。随着灵性意识的加深，你会开始寻找一些具体可行的步骤，让生活更有"厚度"。你不必在凌晨梦中惊坐起，想着"今天要先赶完什么"，也不再只关注完成任务；相反，你只想着现在，而不去想最终的后果。你将不会被"完成任务"所困扰，取而代之的是对眼前的一切人、一切事物抱有一种慈悲之心，并且将它们放在内心最安全的角落。

欢迎回归"真我"。

练习"椅子瑜伽"

如果工作把你累得脖子僵硬，让你久坐不起，那么你的身体就需要一些调试来配合飞速运转的大脑了。椅子瑜伽是个不错的选择。椅子瑜伽是一种渐进、温和的瑜伽，它既可以帮助你放松身心、理清思路，还能提高你的体能和身体灵活性。如果你没空去健身房，那就在上班的空当，坐在自己的办公椅上练起来吧。

首先，坐在椅子上，吸气时双臂上举，让肩胛骨往后背滑动，同时指尖向上伸展。其次，让臀部坐稳椅面，然后慢慢地从坐骨往上"拔高"。接着，把左手放在右膝盖上，右臂放在椅背上，维持这个姿势，轻轻拉伸六十秒。下一步，把右手放在左膝盖上，左臂放在椅背上，继续维持六十秒。以下两种呼吸方式可令椅子瑜伽效果加倍。

牛式：双脚平放地面，脊椎伸直，两手放在两膝之上。吸气时弓起背部，让肩膀向后、向下滚动，使肩胛骨贴紧后背。

猫式：呼气时拱背弯腰，低头含胸，让肩颈和头部向前伸展。

就这样，吸气时做牛式，呼气时回到猫式，重复五次试试看。

疗愈你的"工作畸形观"

所谓"工作畸形观",是对工作习惯的曲解。秉持这种观点时,你不是凭空想象自己存在缺点,就是过分夸大自己的缺点,总觉得"我的工作量还不够"。因此,你很可能会说,我工作的时间并不长,一周的工作时间只有一半是满的。在你的内心深处,你经常会被"半天工作""周末"及"度假"弄得心神不宁,感觉自己就像个大闲人。

你其实已经超出了别人的期望,但还固执地认为自己没有达到要求。正是由于你的过度苛责,你继续没完没了地干活,直到把事情做好——但你鲜少能做好,因此,你常常认为自己是个失败者。更糟糕的是,确定了一个可以实现的目标后,你却总想着"这也太容易了吧?没有任何意义"。然后,你会设一个更高的目标,最终却无法完成。

尝试调用正念思维:怎么才能更客观地看待自己的工作标准?接着,想办法纠正"我工作做得不够"或者"放松不值得"的错误想法。

练习"刻意呼吸"

压力无处不在,有时来自家庭,有时来自工作,有时甚至来自四面八方。你知道吗?人体大约70%的毒素是通过呼吸排出的。这也就意味着,如果你的呼吸没有达到最高效率,就没法清理掉那些毒素。不过,刻意深呼吸不失为一种有效办法。刻意地来个深呼吸,不仅能恢复身体活力,克服每日压力,还能慰藉心灵。

感受一下你此刻的呼吸:它是停留在胸口,还是深入腹部?是快还是慢?当你刻意深呼吸时,你就不会为最后一分钟的截止期限或错过的约会而烦恼。切记,只要上班就要大口呼吸,因为当你进行腹式呼吸时,血液中的氧气量会上升,身体会随之放松,很难再维持原来那种紧绷的状态。

学会独处

也许，你整天忙于工作，很少有社交的机会。有时，你只能借谈公事才能找人说话。久而久之，别人都会腻味……渐渐地，由于工作繁忙，你很少去跟别人沟通。长此以往，你对社交的排斥会越来越严重，就连不工作的时候，也会一个人待着，而不是想着如何享受人生。你最好的朋友是你的笔记本电脑，但它给你的回应却只有"自动拼写更正"。

许多在灵性和自我成长方面收获颇丰的人都表示，一旦知道如何与自己共处，就不再觉得孤独。事实上，当你与自己保持长久且深刻的联结时，你就会觉得内心更加充实；而且，如果你不否认自身价值，不把所有的时间都花在工作上，而是愿意和亲朋好友分享一些自己的兴趣爱好，那你一定能融入他们。

想一想，你是怎样与家人和朋友，甚至曾经喜欢一起在办公室里找乐子的同事渐行渐远的？你是否忙得自我隔绝，成了朋友、家人和同事眼中的"局外人"？其实，罪魁祸首就是你对工作的"强迫症"，是它榨干了你本来可以用来和其他人待在一起的时间。

善用"资源"

"资源"就是能让你快速冷静下来的所有因素。比如,你欣赏自己的某种特质、某段美好回忆或体验、某个人、某个地方、宠物、精神向导……只要能带给你安然、愉悦和平静的,统统都算资源。

想要唤醒资源,你就得用心回想那些令你为之一振的细节。比如,当我想起自己在海边小屋的廊檐下,一边喝着晨间咖啡,一边看着虾船在红日下轻轻驶过,我的心情就会一下子好起来。

不妨把"资源"都记在心里,而且记得越详细越好。然后,把注意力转移到内在的感官体验,观察呼吸、心跳,以及肌肉将会有怎样的改变。也许,你会突然感觉,呼吸变慢了,肌肉也放松了。如果是这样的话,你可以花几分钟专注地感受这种转变;结束时,再把注意力转移回全身,去关注全身上下发生的变化,并让这些变化在身体里待上一段时间。

学当"见证者"

也许,你经常把自己在事业、家庭或者友情中经历的"辛酸历程"挂在嘴边,以至于深陷其中,难以自拔。殊不知,当你一而再,再而三地回顾那些辛酸经历时,只会让自己愈发消极,活像苦情剧中的受害者。"这也太恐怖了吧!"

如果你一直把自己看成"受害者",那你就会一直被困在这种自残的循环之中;但如果你把自己抽离出来,当个"见证者",从一个相对客观的视角去看待过去的不愉快,你便可以避开一再重复的苦难,还能激发前进的斗志。

下一次,当你想重温某段不堪回首的过往时,不妨切换到"场边观众模式",然后把这个故事再写一遍,这时你会发现,你反复纠结的那件事已经翻篇了。当然,你还可以把注意力聚焦于"其实那事后来完结了"或"有贵人相助"等。如果这样思考的话,内心会不会有新的感受?不妨试试看。

承认你自带价值

你需要怎样调整心态，才能让自己平静、自信、快乐地投入工作？回想一下，企业文化或老板是不是给了你某些成见，让你把自我定位成"追时间、出产量、赶节点"的工具人？可事实上，你的价值远不止于此。

请不要"视而不见"地看着自己。要知道，你为工作带来的是与生俱来的价值、自尊和"神圣"潜能。所以，你不必累死累活地去证明自己，因为你已经是金玉之躯，天生非凡。只要你带着这些固有特质，去展现、去发挥，那就足够了。

学会"闲庭信步"

这句话看似矛盾，但事实就是这样：慢慢来，比较快。我自己也有这种感觉，而且这一点已经被研究证明了。要是你还心存疑虑，那就想想"龟兔赛跑"的最后赢家是谁吧！

或许，你已经习惯了高速运转的工作方式，相信只有这样才能完成每一项工作。但是，一味地追求速度，只会让自己的思绪变得混乱，身心俱疲，效率不升反降；反之，如果你能以平和的心态处理工作，那你的精力往往会更充沛，思路也会更清晰，效率也会更高，甚至在下班的时候依然有余力。

不必容许"工作压力"时时刻刻绑架人生，你完全可以留出时间去追求诗与远方。这听起来有些匪夷所思，但合情合理：人类的身体不是为了满足七天二十四小时全速运转而打造的（当然，危险情况下除外）。要知道，劳逸结合、一张一弛，方能身心交泰。因此你要学会"闲庭信步"，以免自己过早地"报废"。那么，在今天剩下的时间里，试着用"散步"的姿态走到各个约会地点，看看有没有什么不同。

"从内而外"地生活

如果你过于执着于成就，无异于逆流而上、颠倒人生。在这种情况下，你努力让外界顺从你的意志，忙不迭地完成任务、维护秩序，并把自己的快乐建立在物质财富、夸奖称赞或权力地位之上。

然而，"平衡"与"放松"能够帮你校准人生的方向，让你坦然面对那些无法掌控的现实，并将这部分的控制权交由"超然之力"。而实现该目标的第一步，便是构建一个健康丰富的内心世界，学会从内而外地生活，而非仅仅受外界驱动。这也就意味着，你需要先对内心失调的根源进行觉察、自省与审视，从而找到真正的自己。

不妨花点时间思考：你是否曾经为了填补内心的空缺，而在外在世界中不断追逐？那么，这是否意味着，只有先充实内心，才能更好地去探索外界？唯有如此，你才能更好地享受生活，从容面对外界的期待。

直面人生"痛点"

把"痛苦"与"幸福"同等对待,似乎有违人类的本性。但一个不争的事实是,唯有接受痛苦,而不强行进入另外一个"快感区",才能真正获得幸福。

对我而言,真正用这种"逆向操作"的方法去改变自己以前的坏习惯,是非常困难的。但是,每当我敞开怀抱去接受痛苦,恐惧就会变少,平静与关怀就会变多——毕竟痛苦让我明白,人生不可能一帆风顺。痛苦迫使我成长,也唤醒我内在尚未察觉的勇气与韧性。痛苦把我从"逃避本能"中拉出来,让我更深入地反省自己,建立更有意义的精神联结,并且以真正慈悲的态度对待别人。

想想你自己:你会尝试直面痛苦,还是干脆逃之夭夭?你是否相信,这条少有人走的路,或许能带你走近他人、联结真我?如果你能认真考虑这些问题,说不定就会发现,自己多了几分安然与慈悲,少了几分痛苦与烦恼。

肯定自己的努力

你知道吗？我们内心独白的威力十分强大。也许你还没开工，它就可以让你感觉自己能行，或者干脆放弃。就算你有实力，也可能会因为心里那句"我不行"而打退堂鼓。无论是发掘新工作机会、向经理提出建议，或是寻求晋升，你都可以决定内心独白的走向。坦白说，自我贬低很容易，但用积极的话语肯定自己同样容易。

这种自我肯定，不仅能让你更好地应对困境，还能为你提供更多解决问题的思路。这并非哄骗自己"事情没那么糟"，而是一种"我能行"的积极信念。比如，"我能做到自己下决心的事"，或者"我能从容应对这种局面"。

你说什么，就会成为什么。积极的思维可以缓解身心压力，也有助于降低心脑血管的负担；积极的肯定可以向身体传递与消极情绪截然不同的信号，使你平静。思考一下，你应该给予自己哪些正向的暗示，好让人生向阳而生呢？

拥抱失败与成功

世间万物都是对立的。你想拥抱成功，就得先接纳失败。你可能会认为这很荒谬，但请问，没有"结局"哪来"开始"？没有"反面"哪来"正面"？没有"下面"哪来"上面"。如果你狂热地希望别人认可你，那么你首先要做好被拒绝的心理准备，因为凡事有得必有失。

也许，你希望自己的提议能被采纳，但你必须接受它被否决的事实；也许，你希望晋升成功，但你必须接受失败；也许，你想家人支持你的工作，但你必须接受他们的反对。

任何事情都有两面性。欲得所求，必先接纳所不欲。一旦你选择接受，就会被赋予在每一次失败后重新站起来的动力与勇气。只要你不执着于结果，就算失败了，你也可以坦然面对。

悦纳"善意"的批评

如果你在工作中投入诸多心血,那你很有可能会对别人的批评非常敏感,哪怕一点小意见都不乐意听,只想得到无限的掌声和赞美。但这如何有助于成长呢?被赞美固然是一件好事,但如果只想被赞美,那就是另一回事了。事实上,盲目寻求赞美、回避善意的批评,往往会导致你误入歧途,错失"补救良机",甚至会让你"被捧杀"。

倘若你能虚心接受来自同事、朋友或亲人的建设性意见,你就会更加了解自己,从而不断前进。如果你有颗"玻璃心",无法接受别人的善意批评,那你最好还是跟宠物待在一起——因为它们不会回嘴。

当局者迷,旁观者清。很多时候,我们"不识庐山真面目,只缘身在此山中"。殊不知,被人指出来的弱点,反而会帮助我们"开悟"。当你拥有了这种心态,那就好比得到一剂苦口良药,药到自然病除。

仔细想想,别人对你提出善意的批评,你能否不把它当成人身攻击?你能否冷静看待?如果你做不到,那么需要改进哪部分认知,你才能意识到批评针对的是"你做的事",而不是"你这个人"?

别焦躁，等风来

大多数人都觉得时间宝贵，你又何尝不是如此？你不喜欢被人耽搁，无法忍受任务之间的闲暇。在讲究"即刻满足"的今天，"漫长的等待"简直就是一种折磨，比如等待项目审批，等待晋升结果或体检报告。

然而，在等待的过程中，你没必要不耐烦地敲打桌面。何不换种态度，让一切顺其自然呢？要知道，凡是值得的东西，通常都要等待。所以，你要不断地告诫自己："值得等"。当你意识到万物自有其节奏，你便不会再期望世界适应你的脚步。一旦你放慢节奏，融入这份自然的和谐，它便会打开你的心扉，并带给你一种深沉的宁静感。

沉浸地享受"灵魂情感"

你是否被"世俗情感"所牵绊,而缺失了"灵魂情感"?当大家对你的工作表现拍手称赞时,你是不是很开心?赢得比赛、赌局或争论时,你是不是很畅快?完成工作任务时,你是不是很有成就感?这些都可以叫作"世俗情感"。接着,回想你观赏落日、拥抱爱人,或是全身心投入一件令你愉悦的事情时的满足,这些便是"灵魂情感"。

现在,把两组情感做个对比。看前者的时候,你有没有带着一点空虚,而后者,有没有带给你一种温暖和能量?在本章,不妨多观察自己有哪些行为是为了博取关注、认可或名声,并尽可能地回归"初心"吧。

心怀感恩

如果你过度投身工作，那么潜意识就会不断地提醒你："这还不够，还有很多事情等着你去做"。而一旦松懈，你就会失去斗志，躺平摆烂。所以，你往往会把注意力集中于"该办的事""缺少什么"或者"办不到"，甚至可能埋怨自己的成就不够，却忽视了自己的人生其实已经很成功。通过本章的内容，你会发现只要收起奢望，珍惜已有，就能倍感满足。

毫无疑问，你会对那些在你人生中留下深刻印记的人心怀感恩——无论是家人、爱人，还是挚友。但同时，也不要忘记对健康的心态、餐桌上的食物、遮风挡雨的住所和健康的身体说声"谢谢"。幸好，我们每天都有八万六千四百秒。那么，在享用大餐或沉浸于球赛之前，不妨先花些时间好好想想那些值得感恩的人和事吧。

跟随心灵的召唤

一个不争的事实是,"被驱动"和"被吸引"大不相同。如果你的工作与生活处于失衡状态,你就会被外部因素推着走,不得不放弃内在的主控权。渐渐地,你就会被"小我"所驱使,任由其决定命运的走向。

然而,一旦你走出"内卷"的泥潭,寓于你内心的晴雨表就会被激活,从而帮助你做出更好的决定,届时,你也将从"被最后期限驱使"模式切换成"被心灵之光召唤"模式。

仔细想想:你目前的生活中,有几成是受外部压力掌控?又有几成是源自内心的呼唤?然后,再问问自己:该怎么做,才能更多地被心灵带动,而不是被外界驱动?

刻意保持"灵性联结"

"卷王匿名互助会"的第十一步指出:"我们藉由冥想努力提升与内心的灵性联结,并赐予我们实现它的力量。"

有了这种"灵性联结",你将获得更深层次的内在滋养。你会发觉多余的心理压力和烦恼都渐渐消散,内心的空虚被平静、安宁与闲适填满。

在探索的过程中,你会洞悉众生彼此相连这一事实,也能感受到每日灵修的必要——比如冥想、祷告、自我反思、"己所不欲勿施于人"、促进世界和平,以及关心地球生态等。

本章心得

- 每天花五分钟练习椅子瑜伽和腹式深呼吸。
- 记住：你是成功与失败兼具的"整体"。
- 学会耐心等候，不急不躁。
- 每天都体会"世俗情感"和"灵魂情感"之间的差异。
- 感恩那些帮你稳定生活、让你能安心忙碌的人。
- 不为外部需求所驱使，而是发自内心的强大。
- 通过冥想来维持与你所理解的"超然之力"的联系。
- "欢迎"建设性的批评，就如同你渴望得到赞美一样。

第十二个月

价值重构：如何让平凡工作变得伟大

工作将占据你生活的一大部分,

唯一让你真正满足的方式是做你认为伟大的工作。

——史蒂夫·乔布斯(Steve Jobs)

伟大的工作

本章聚集了前面所有章节的成果,所以提出"伟大的工作"(即无私奉献、反哺所获)这一主题再合适不过了。或许,你常常听到"太伟大了"这四个字,但现在你可以对它有更深刻的认识。其实,"伟大的工作"并不是为了拿到"销冠"而拼命工作,也不是为了赶最后期限而疯狂熬夜,更不是狂揽任务而没时间去享受自己的人生;而是把团队精神、热情、诚实、远见、道德与善意融入工作。类似地,这不仅仅局限于"工作成果",还涉及你能否"维持正念意识"、成为他人的榜样,以及与别人共享你所学会的"放松之道"。换句话说,你正以一种更加自觉、更加清醒的方式活在当下。

你的付出,皆是出于真心,而非责任所驱或愧疚使然。例如,你会主动提携新员工,或是在公司里成立冥想小组。事实上,所谓"伟大的工作"就是要对任何阶层的人——不管是清洁工还是法官——都怀着同等的尊重。你可能会在商店主动让赶时间的顾客插队,或对同样劳累的收银员报以善意的微笑,或在路上体谅那位焦躁不安想并线的司机……所有这些统统都是"伟大的工作"。

在本章中，你可以借助自己所从事的"伟大的工作"，为生活注入更多平衡，随后将这份专注与觉察延展至生活的每一个角落。或许，你会思考什么是简单但有意义的无私奉献；或许，你可以问问自己，在不求回报、不加说教的情况下，你的改变能为他人带来什么影响。我们其实都很相似，透过他人，便能照见自己；"独享"的最终会失去，"分享"的则留存得更久。赠人玫瑰，手有余香；助人者，人亦助之。当你为他人做"伟大的工作"时，你也在为自己成就"伟大的工作"。

练习"开放式意识"

从繁忙的日程中抽点时间静坐，你就能直接感受思维与心灵共存的"当下"。现在就去做个静坐练习，让自己以更开放、更智慧、更鲜活的角度看待工作吧。

• 睁开双眼，坐在椅子或地垫上，挺直背部，让意识尽可能地保持开放，然后关注当下的一切细节：声音、影子、光线、气味、触感或味道。也许，你会听见远处汽车的声音、蜜蜂嗡鸣或者肚子的咕咕叫；也许，你会看到树影随风摇曳或者阳光透过窗户照射进来；也许，你会闻到食物或花果香；也许，你会摸到织物的触感……

• 如果你的思绪又跑去"没做完的活儿"或"接下来要忙什么"，那就轻轻把注意力重新引回到呼吸上，并继续让意识保持开放。

• 保持一段时间后，把注意力转向内心与身体，然后看看自己是否变得更平静专注。

不要总想着退休了再享受生活

一想到人生短暂，你脑海中首先浮现的是什么？如果人生可以重来一遍，你会改写什么？有位无名作家说："如果再给我一次机会，我会少说多听，早点把那支'花形蜡烛'用掉，而不是让它在柜子里融化；我要是病了，就往床上一躺，不用担心地球会停止运转。"

现在，请说出三件让你感到快乐和温暖的事情，并问问自己：上次这样做是什么时候？这个问题的答案或许能让你明白，自己究竟是在用心生活，还是在随波逐流。要知道，昨日已逝，明日未知，今日即是礼物。

用"良性哀悼"转化悲痛

前文讲过,父亲葬礼那天,我却龟缩在二十五英里外的大学办公室,忙着做一个如今什么都不记得的项目,只让母亲和姐妹招待前来吊唁的宾客。彼时,我并没有意识到,自己其实是在用工作麻痹失去亲人的痛苦。

大部分人在成人之后,都要承受失去亲人的痛苦。如果你从不花时间去哀悼、宣泄悲伤,那股悲痛就难以消散。即使你埋头工作,也无法从根本上化解悲痛。因为不去哀悼、宣泄,就无法痊愈。这种长时间的感情冰封,会让你变得更加麻木,内心越来越痛苦。

你若不转化自己的悲痛,就会在无形中将其转嫁给旁人。想想看,你有没有把悲痛"封存"?如果有的话,你是否要跟某人、某事说再见?你会如何、何时来哀悼这份失去,好让自己重新前行?等你感觉时机到了,不妨对那段关系中的点滴美好——追忆,并在心里对自己说:"谢谢你,过去。"同时告诉自己:"我要放下过去,准备往前看了。"

试试"行走冥想"

我曾有幸和几百人一起,在一行禅师的带领下,进行了一次行走冥想。那种体验让我至今难忘。好消息是,你也可以享受同样的行走冥想,获得如同"进庙跪拜"般的心灵体验,把烦恼与焦虑清空,获得内心的平和、感恩与慈悲。

如果你想尝试的话,下面是几点建议:行走时,专注于脚和腿的动作——抬起、迈出、落下,留心脚掌与鞋面及地面的接触。接着,先注意左脚和左腿前进时的感受,再切换到右脚和右腿。全身心地体验这些感受,并让它们成为你行动的动力。过程中,如果脑海冒出其他想法,就温柔地把注意力拉回双脚与地面接触的感觉。当然,你还可以把脚步看作在"亲吻大地",每走一步,都让自己卸下思想的负担,感受自由。

别给自己贴标签

你看待变化的方式真的很重要。标签是贴在罐头和冷冻食品上的,可不是给人用的,否则,你就会陷入正在试图改掉的不良习惯。你并不是"自寻烦恼者""控制狂""悲观论者",也不是"守财奴",只是想试着少些担心,少点控制,多些开朗,或者多省点钱。

如果你用"行为动词"代替那些"静态标签",那么你就走上了通往大写的"更高自我"的道路。当你经常用"标签"来形容自己或别人时,考虑一下是否可以转换到"行为动词"。这样,你会好受很多,也会轻松许多。

回家"团聚"

工作日晚上七点,你通常人在哪儿?我猜,你很可能依然在办公室,一心想多做点事,却忘了家人或宠物正在等你回家。

老实说,有人愿意等你回家、期待你出现,是上天的恩赐。你何其幸运,有人在一直等你,盼望着和你见面,而许多人却只能在漫漫长夜中品尝那无声的绝望。此刻,停下脚步问问自己:"是谁在等我回家?"你是否感激这份等待?还是觉得对方烦人?你是否常常怠慢或拒绝他们?还是让这份爱融化了你的心?

学做"团队玩家"

你是否很难与人共事,只喜欢独立完成?如果你处处独断,很可能是因为害怕失去权威。或许,你还不敢冒险去达成创造性结果,习惯性地藏起失误。如果是这样,你就很难成为一个优秀的合作者、管理者或团队成员,因为你总觉得自己的方法是最好的,别人永远都"不够完美"。

然而,团队合作是职场成功的关键。事实上,许多创造性的解决方案都来源于集体智慧。值得一提的是,要想克服"内卷",就必须学会融入团队。因为只有融入团队,你才能放下过度的掌控欲,学会与他人分工协作,共同成长。处于团队之中,你可以突破常规,跨越边界,追求卓越;也可以从错误中吸取教训,自我修正,成就更好的自己。

想一想,你在团队合作或任务分配方面的表现如何?你是否善于团队合作、自我修正,是否敢于冒险?你是否能换种方式运用专业技能?

寻找内在宁静

我们身处一个把"声大"奉为权威、把"吼叫"当作真理的时代。或许,你每天脚一着地,就开始争分夺秒,对着天空挥拳相向。一堆乱七八糟的任务让你心力交瘁,苦不堪言,但你却不知道,这一切的根源,其实正是你自己。

如果你肯将注意力从外界转移到内心,那你就可以在嘈杂的世界里寻得一片宁静。一旦你给自己设定一个"无所事事"的时段,让自己从"做"切换到"在",人生就会随之改变。渐渐地,你就能找到心底的那片宁静,并从喧闹中解脱出来,重新焕发活力。

回想一下,你最后一次感觉到内心和身体的宁静是在什么时候?没有鸣笛,没有尖叫,没有吵闹的音乐,没有机器的轰响,也没有内心的骂声;只有呼吸的宁静、树枝上轻柔落雪的静谧,抑或晨曦中蛛网被朝露染成金色与猩红的光影。那么,你愿意让它们教会你什么是"静"吗?

照亮你的盲区

生而为人,难免会有盲区。也许,你看待世界、职场及亲友的方式其实都是"你以为",并不是真实的样子。扪心自问,你是不是只顾一味地向前奔跑,锁定任务、解决问题,却对他人的需求和观点视而不见,甚至错过了诸如生日、纪念日、假期和家庭团聚等重大人生时刻?

无论是对自己、爱人,还是同事,你都要保持清醒;你应该时常停下来放松一下,做决策前想想代价,别让工作吞噬你的生活。

仔细思考:"我的'盲区'在哪儿?我忽视了什么事,什么人?我要放下哪些'我以为',才能看得更全面,更好地实现工作与生活的融合?"

取下"面具"

也许你同很多"焦躁工作者"一样,总是故作镇定,看似对一切胸有成竹,仿佛刀枪不入,不会被言语伤及分毫,遇事也能处之泰然,好像无须任何人的帮助。然而,你心底清楚,这不过是为熬过漫长一天而戴上的厚重"面具"。

历经多年伤害,你或许已经习惯了强行压抑自身感受。你之所以戴上"面具",就是不想让人看到你的真面目,同时也想逃避自身感受。所以你在工作中泥足深陷,完全迷失了自己。

要想走出泥沼,就得摘下"面具",直面真实的自己:你到底在否认什么?压抑什么?万一哪天情绪爆发,你需要先做什么?要知道,一旦有勇气面对这些问题,你就会更加了解自己,也能由此成长,体会真正的人生。

想想看,你戴着什么"面具"?怎样才能让自己不再自欺欺人?如果你今日取下"面具",露出真容,会发生什么?

倾听内在直觉

如果你过度依赖逻辑分析,那么留给"直觉"的空间就寥寥无几了。直觉就是你静心时的内心低语,于无声处指引方向。

当你努力在工作和生活之间寻找平衡点的时候,不妨让"逻辑"与"直觉"并行,从而为你创造更多平衡。此外,两者的结合还能帮你作出重要决定。只要你能够进入内心深处寻找答案,直觉就会引导你找到下一份适合的工作、解决冲突的最佳方式,以及关爱自己的更好方式……

先找个安静的地方,让自己静下来。想一件最近让你纠结的事——也许是职场关系,或是职业方向。闭上眼睛,向内心提问,然后静待答案的出现。如果没有立刻得到答案也别气馁,请继续等待内心的召唤。

拟一张"愿望"清单

你是不是像许多"卷王"那样，非常喜欢列"待办清单"，并反复核对，确保在一天结束前把每一项都勾掉？这种做法常常会让日程满到爆掉，你会一整天都在和时间赛跑。

但是，假如让你在列"待办清单"的同时，也列一张"愿望清单"，会怎么样？你会写些什么？我就有制订"愿望清单"的习惯。清单上总有一项是定期到户外亲近自然，聆听自然的声音：鸟儿的啁啾、灌木丛中的昆虫鸣叫，或是青蛙的咕呱。如果你也开始制订自己的"愿望清单"，或许可以这样写：在会议间隙挪出几分钟大口呼吸或做伸展运动，每天安排十五分钟到一小时的时间来放松、锻炼、玩乐、冥想、祷告、练习深呼吸，或者只是思考宇宙。

思考一下：你希望把什么列入"愿望清单"？把它们写在纸上，然后在未来几天内完成吧。过程中，如果你在"待办清单"上临时加了一项任务，那就从"愿望清单"上删除一项，保持两边平衡，以免自己再次陷入超负荷之中。

给生活添点新意

你的日常事务既有好处也有坏处。一方面,它能让生活舒适安稳、井然有序;另一方面,它也会打击你的冒险精神,让你错过那些能够增强心理韧性和幸福感的良机。事实上,一味地重复、回避挑战,只能让你心生厌倦,阻碍你发挥最大潜能。

试着给工作和生活添点新意吧。比如,换个午餐搭子,学项新技能,换条上下班的路……别让日子一成不变,每天都添点新鲜感。

过"真正"的节日

你知道吗?"嫁给工作"这个词并不是空穴来风。无论男女,谁都有可能中招。如今,越来越多的人把绝大部分时间和精力都奉献给工作,以至于忽视了家人、朋友、爱好或娱乐。研究表明,全家共进晚餐的场景已成过去式。现在,70%的饭是在外面吃的,还有20%是在车里随便凑合的。而你所谓的"假期",不过是又一个从早忙到晚的工作日。当别人忙着庆祝各种节日的时候,你大概率会忘记、忽略,或者轻视节日、生日、团聚,甚至纪念日。

你应该提醒自己在假期里透口气,不要让自己陷入"忙昏头"的境地。你完全可以选择参加适度的文化或宗教庆典,享受音乐、美食、亲友同乐的乐趣,而不必陷入过度商业化的应酬——问问自己,这个月的假期,你想怎么庆祝?想收获什么?怎么庆祝,由你定;收获什么,也取决于你。

培养好习惯

你可能不太愿意承认,你养成了一些助长"内卷"的习惯。那些坏习惯,你一直想改掉,但总是做不到;一些好习惯,你一直想养成,却总是没机会。最终,你很难真正放松下来。我也说过要戒烟,要健康饮食,要锻炼身体,但这些话最终都变成了空头支票。

但是,自从我发现"如果与那么"策略后,一切都发生了变化。该策略能帮我坚持执行目标中的行动部分。例如,我原先含糊不清的锻炼计划是"我要多锻炼",后来就变成了"如果 x 发生,那么我就做 y"。其中,x 表示情况,y 表示当 x 出现时要做的事情。当我把"光说不练"的锻炼计划变成具体行动后,看起来是这样的:"每逢周二和周四的早晨八点,我都去健身房练一小时。"这个策略让我真正行动起来,并坚持了好多年。

该策略为何如此奏效?其原理在于:你在脑海中"绑定"了事件 x 与行动 y,而当 x 出现,就会自动执行 y。比如,如果看见菜单上有油炸食品,那我就不点它。专家说,改掉一个坏习惯并养成一个好习惯,大概需要一个月的时间。如果你想改掉某个坏习惯,不妨把它套进这个公式试试。

别让"想太多"搅浑脑海

如果总是"想太多",你就会陷入无休止的纠结:反复琢磨某个工作决定,提前在心里排练即将召开的会议,对同事的一句话耿耿于怀,或者不断回想自己说过的话:"昨天我在会上说的那句话好傻,人家肯定觉得我蠢透了。"

当你过度纠结自己的行为时,就等于让心灵警报系统处于全天候警戒状态。长此以往,不仅让你精疲力竭、情绪沮丧,还会影响你的人际关系。那些长期多思多虑的人,不仅热衷于纠结过去,还喜欢幻想未来可能出现的祸端。这类人不会想办法去解决问题,反而会将一些鸡毛蒜皮的小事无限放大,让自己深陷其中无法自拔。在这种情况下,人就容易变得麻木不仁,行动迟缓,痛苦随之不断累积。

如果你常常陷入对工作或家庭事务的过度思虑,请试着训练自己从"聚焦问题"转变为"思考对策"。不要只停留在问题本身,而要尝试跳出"想太多"的局限,从更宏观的角度审视问题,让思绪回归平衡。同时,提醒自己:"这只是我的个人想法,并不代表其他人也这样认为。"

让自己"接接地气"

如果你整天都在忙，那你就可能忽视身体的信号。而"接地气练习"可以让你再次感知身体信号，更好地把握现在，并激活"休息与消化反应"，从而缓解压力。

找一把有靠背的椅子，舒适地坐下来。挺直腰背，感受椅背对你的支撑。把注意力完全集中在那个支撑点上，保持一分钟。接着，把注意力转移到双脚上，感受双脚与地面的接触，以及地面给予的支撑。再把注意力集中在双脚脚底，感受地面或地板的支持，保持一分钟。接下来，把注意力放到臀部，感受椅子对臀部的支撑，保持一分钟。

完成上述练习后，先花一分钟时间去感受自己的呼吸、心跳和肌肉的变化。许多人在练习后反馈说，他们感到更加放松，身心更加合一，呼吸和心率变得缓慢，肌肉也更加松弛。随后，再用一分钟从头到脚扫描自己的身体，留意那些出现积极变化的部位。最后，将注意力拉回到当下，感受一下自己此刻的放松程度。

给"未竟之事"结个尾

生而为人，终有一日会产生想要"终结"的念头。它可能源自一个出乎意料的诊断，一通从未想过会接到的电话，或是一场难以承受的告别……不过，"终结"并不仅仅意味着崩溃，而是突破的契机——它为你带来了成长与满足的全新机会，激励你不断前进。当你正视"终结"时，你便能在悲伤中实现蜕变。

每一个结束都是一个新的开始，正如除夕夜迎来新年，夏日落幕时秋天悄然登场。终结一件事，其实是在开启另一件事。终结，正是起点。

在展望未来的同时，问问自己：工作和生活中，还有哪些事情需要"收尾"？只要把这些旧事了结，新一轮开始就会自然到来。是否有一些压抑的情绪等待释放？有没有拖着的项目需要完结？哪些关系需要重新修补？一旦把这些节点终结，你便能开启健康的新篇章。

给予

"卷王匿名互助会"的第十二步说:"在通过这些步骤实现灵性觉醒之后,我们就会尝试将其传递给其他'卷王',并将之贯彻到生活的方方面面。"

这一步是前面所有步骤的整合:得到什么,就给予什么。你之所以无私付出,不是出于义务,而是出于真心。比如,你可以参与员工援助计划、发起预防职业倦怠的讨论小组、带一带新员工、成为"十二步"项目帮扶者……或者只是在日常生活中践行这些原则,让自己成为他人的榜样。

想独自珍藏的往往会失去,慷慨分享的才会永存。当你把这十二步落到实处,你将从用"脑"维系关系,转变为用"心"去经营。你会发现自己被更有活力、更积极向上的人围绕,同时会吸引到那些也在寻找"松弛感"的伙伴。你不再"爹味十足"地去说教,也不再期待回报,而是主动与他人分享你对"内卷"和"灵性成长"的真实感受。因为你的灵性觉醒与良性循环的延续,你将从他人的蜕变中汲取力量。这份力量又滋养着你,让你的人生愈发丰盈自在、内心更加自在豁达。

本章心得

- 无论节日大小,都跟爱人一起庆祝,给人生多留些难忘时刻。
- 努力走出"盲区",看看有没有遗漏的地方。
- 让身体多"接地气",更好地立足当下。
- 记住,把工作与生活平衡的理念传递出去,学会放松,并用心对待生活中的每一件事。
- 结束尚未完结的旧事,开启崭新的觉察之旅,活在当下。
- 寻找内心的"避风港",让自己可以随时退隐、放松、重整身心。
- 跳出思绪,放下工作,回归生活。

告别心语

每天五分钟，平衡又轻松

人生是旷野，不是轨道。如今，你已跟随本书走过了十二个月的旅程，坐拥"将可能变为现实、让生活恢复平衡"的一切要素。但是，当你认为自己已经彻底掌握的时候，恰恰是重新开始的时候。正如英国诗人艾略特（T. S. Eliot）所言："我的开始之日便是我的结束之时，我的结束之时便是我的开始之日。"

实现"工作"和"生活"的平衡，无异于高空走钢丝，是极其困难的，尤其是在这个以"工作"为核心的时代。毕竟，"人闲易生是非"这句谚语早已深植于我们的观念之中，而且我们也从小被教导：付出越多，收获越大。如果你和大多数人一样，也在所谓的"甜蜜区"（"工作"与"生活"的中间地带）里反复纠结，那么你很可能会因为各种突发情况而精疲力尽。更糟的是，还有一些人（包括你在内）会给你提出各种苛刻要求，并对你过分期待；不管你是否遇到了"水逆"，生活都不会一直顺心如意；工作压力和家庭责任还会随时紧逼；有时你甚至感觉整个世界都在跟你作对。但,这不是真的。

  幸运的是,如果你按照书中所说的方法去"从内而外"地放松,那么冷静和满足就会"从外而内"地走向你。每当你被压力裹挟,只要抽五分钟退后一步、在困境中找到机遇,你就会变得更坚强、更平静、更快乐。在此,衷心地祝愿你能在繁忙与空闲之间,寻得一个"平衡点",在没有强迫、无须赶工的空白中享受"无所事事"的乐趣。虽然只有五分钟,却足以让你体验"此心安处是吾乡"的归属感。那一刻,也别忘了默念:专注此刻,即为馈赠。

  欢迎来到这里,这里既是终点,也是起点。踏上这段崭新的旅程,让我们一起努力,继续开凿冰封的心海,直到冰雪消融,春暖花开。

致 谢

本书创作伊始,就像一块湿漉漉的黏土,直至被精心雕琢之后,才来到你的手中。一路走来,承蒙诸多襄助,才有了这本逻辑通顺、视觉美观、兼具趣味性与实用性(我希望如此)的作品。我虽不迷信,但相信有一股神奇之力,驱使着许多人用心校订、润饰,才有了本书的问世。

首先,我要向我的伴侣杰米·麦卡勒斯,他和传奇作家卡森·麦卡勒斯(Carson Mc Cullers)是一家人,致以最深的谢意。要是没有你的坚定支持,本书根本无从谈起。也许,你并没有继承卡森的写作天赋,但在营造满是异域风情、美好、秩序井然的生活氛围上,你堪称大师。一路走来,你始终身体力行,用行动向我传递爱意,为我的写作保驾护航:给我做饭,拦住三只狗的打扰,在书桌前摆放你温室里的奇花异草,烹煮馥郁满屋的香料,随时送来健康饮食……

其次,我要感谢我的代理人迪恩·克里斯特克(Dean Krystek)。他是沃德林克文学代理公司(Wordlink

Literary Agency）的一员大将。自项目伊始，你就坚定看好，全程保驾护航，直至顺利出版，非常感谢。此外，我还要感谢 JKS 传播公司及其宣发人员萨拉·威加尔（Sara Wigal）和马克斯·洛佩兹（Max Lopez），谢谢你们给予的创意与支持；同时，感谢艾比·费尔德（Abby Felder），谢谢你对书名提出的宝贵见解。

特别感谢我的编辑约翰·佩恩（John Paine），感谢你精心打磨、删繁就简，让本书通俗易懂。当然，我也要感谢国际惊悚小说作家协会（International Thriller Writers）的同仁与好友：金伯利·豪（Kimberley Howe）、珍妮·米尔克曼（Jenny Milchman）、李·查德（Lee Child）、南希·比利亚（Nancy Bilyeau）、道恩·伊厄斯（Dawn Ius）、史蒂夫·贝里（Steve Berry）、M. J. 罗斯（M. J. Rose）、温迪·泰森（Wendy Tyson）、巴里·兰塞特（Barry Lancet）、艾琳娜·哈特韦尔（Elena Hartwell）及希拉·索贝尔（Sheila Sobel）。这是我见过的对作家（不管是新手还是老手）支持最给力的组织。

感谢我的技术顾问查理·科文顿（Charlie Covington），谢谢你在书稿排版与网络电子方面的专业支持。我还要特别感谢摄影艺术家乔恩·迈克尔·莱利（Jon Michael

Riley），感谢你的慷慨相助，奉献时间与创意，帮我拍下了和哈德森（Hudson）在书中的合照。我也非常感谢哈珀·柯林斯出版社旗下的威廉·莫罗分社（Harper Collins/William Morrow），感谢你们的信任，和你们一起工作，我真的很欣喜：丽莎·夏基（Lisa Sharkey，高级副总裁）、安娜·蒙塔古（Anna Montague，我的编辑），以及营销人员朱莉·保罗奥斯基（Julie Paulauski）。正是因为你们的热情和创意，本书才最终完美呈献。

我也诚挚感谢来自不同领域的杰出作家，谢谢你们在繁忙的创作日常中耐心读完手稿并用心写下赞誉：艾拉妮丝·莫莉赛特（Alanis Morissette）、哈维尔·亨德里克斯（Harville Hendrix）、塔拉·布拉克（Tara Brach）、阿米特·雷（Amit Ray）、马克·利里（Mark Leary）、佩格·奥康纳（Peg O'Conner）。同时，我要感谢在写作过程中协助我、鼓励我的挚友与家人：杰米·麦卡勒斯、琳恩·霍尔曼（Lynn Hallman）、格伦达·洛夫廷（Glenda Loftin）、凯伦·杜博斯（Karen DuBose）、里克·沃纳（Rick Werner）、爱德华·霍尔曼（Edward Hallman）、德布拉·罗森布鲁姆（Debra Rosenblum）、玛莎·斯特罗恩（Martha Strawn）、比尔·拉瑟姆（Bill Latham）、萨拉·马利纳克（Sarah Malinak）、埃迪丝·兰利（Edith Langley）、罗宾斯·理查森（Robbins Richardson）、珍妮特·布尔（Janet Bull）。

最后，我想对所有在高压环境中苦苦挣扎的人说：你们所面对的，是一种常被忽视且容易被误解的境遇——对工作与生活平衡的过度苛求。这种社会现象似乎让我们陷入了一种更快速、更狂热、更疯癫的生活节奏，一步步远离理智和健康的生活，甚至走到了崩溃的边缘。惟愿本书能为你们带来"无所事事"的惬意，让你们拥有片刻的放松，活在当下，尽刻欢愉。

赞 誉

"内卷"是个重要却经常被忽视的问题。非常感谢作者让更多人重视它。

——塔拉·布拉克（Tara Brach），作家

我们往往用各种东西来代替人际关系，结果只会让我们更加孤立！本书中，作者为那些陷入"内卷"的人提供了关键指引。

——哈维尔·亨德里克斯博士（Harville Hendrix, PH.D.），作家

作者在书中提供的建议提醒我们，别因为眼前的苟且而忘了诗与远方。每每翻阅，我都会觉得自己在朝着更清晰、更平衡的方向迈进。

——马克·R.利里博士（Mark R. Leary, PH.D.），
杜克大学神经心理学教授

这是一本正念佳作。只要把书中的智慧融会贯通，付诸实践，你定能受益匪浅。

——阿米特·雷博士（Amit Ray, PH.D.），作家

当我（和布莱恩·E.罗宾森相似）被一次次"内卷"击中，不得不直面童年痛处时，我才幡然醒悟：工作只是生命的重要部分，但不是全部。于是我开始只做'我能真正做好'的事情，而不是贪多嚼不烂，这反而让我效率陡增。

——格洛丽亚·斯泰纳姆（Gloria Steinem）

书中的日常冥想，大多源于作者亲身经历，温暖而有力量。这些研究将有助于我们了解工作对健康、人际关系及生活造成的不良影响，并帮助我们调整生活状态，让工作和生活更加平衡。我本人非常感激这些智慧的分享。其实，"内卷"是一种隐秘而又"体面"的症状，而这些分享对我们真的很有帮助。毕竟，我自己就是在作者的陪伴下，一步步走出了困境。

——艾拉妮丝·莫莉赛特（Alanis Morissette）

如果你让工作占据了生活的重心，并可能失去家庭、朋友甚至自我，那么这本书就是为你写的。请跟随作者的引导，走向松弛自在、光明灿烂的人生。

——佩格·奥康纳博士（Peg O'Conner, PH.D.），
古斯塔夫·阿道夫学院哲学系教授兼主任

上架建议：心灵疗愈·大众心理
ISBN 978-7-5133-6117-0
定价：69.00元